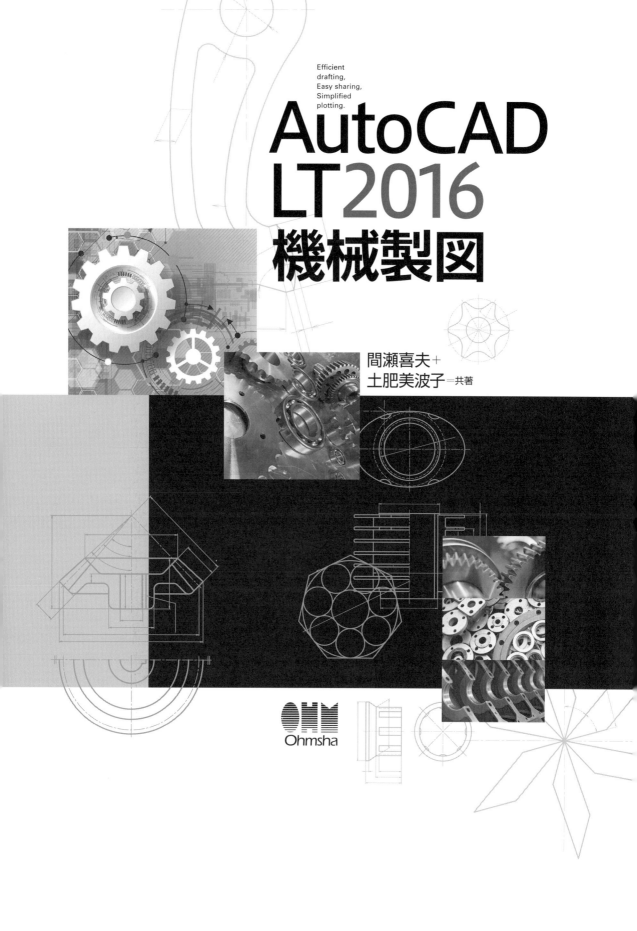

本書を発行するにあたって，内容に誤りのないようできる限りの注意を払いましたが，本書の内容を適用した結果生じたこと，また，適用できなかった結果について，著者，出版社とも一切の責任を負いませんのでご了承ください．

AutoCAD，AutoCAD LT は米国オートデスク社及びその他の国における登録商標です．
Windows は米国マイクロソフト社及びその他の国における登録商標です．
本書で使用した CAD ソフトは，オートデスク社発行の AutoCAD LT2016 です．
本文中の誤りや不備な点について，オートデスク社は何ら関与するものではありません．
その他，本書に掲載されている会社名，商品名等は，各社の商標または登録商標です．

　本書は，「著作権法」によって，著作権等の権利が保護されている著作物です．本書の複製権・翻訳権・上映権・譲渡権・公衆送信権（送信可能化権を含む）は著作権者が保有しています．本書の全部または一部につき，無断で転載，複写複製，電子的装置への入力等をされると，著作権等の権利侵害となる場合があります．また，代行業者等の第三者によるスキャンやデジタル化は，たとえ個人や家庭内での利用であっても著作権法上認められておりませんので，ご注意ください．
　本書の無断複写は，著作権法上の制限事項を除き，禁じられています．本書の複写複製を希望される場合は，そのつど事前に下記へ連絡して許諾を得てください．

(社)出版者著作権管理機構
(電話 03-3513-6969，FAX 03-3513-6979，e-mail：info@jcopy.or.jp)

JCOPY <(社)出版者著作権管理機構 委託出版物>

はじめに

　設計製図の世界は手描きの時代から「コンピュータによる設計製図」，すなわちCADの時代になった．数多くのCADソフトのうち，アメリカ生まれの「AutoCAD」が，現在，日本でもっとも広く使われている．

　「AutoCAD」に限らず一般に，CADのソフトを購入しパソコンにインストールはできても，すぐには思うように動かない．マニュアルを見てもなかなか先に進めない．

　そこで，本書では，うまくCADが動くようにするために必要な作業環境の設定の仕方（設定方法），基本操作，応用操作，機械製図の実用的な図面作成に関する演習を用意した．

　ごく易しい基本操作から始めて，沢山の演習を実際に自らの手でこなし，からだで習得し，自分の手足のようにCADが使いこなせるようになってほしい．パソコンやワープロではよく「習うより慣れろ」といわれる．CADの世界においてもまったく同じだ．演習を沢山こなすことで，楽しくからだで覚えることが大切である．

　CADに何かさせるには，コマンドを入力する方法，メニューから必要なコマンドを選択する方法など，さまざまな方法がある．本書では，AutoCAD 2009/AutoCAD LT2009から採用されている，リボンのアイコンを選択する方法を基本としているが，限られた紙面で，初心者にわかりやすく，簡潔かつ正確に操作方法を伝えるため，煩雑な画面表示やアイコン表示を極力省いたシンプルな本文構成としている．カラーのイラストや図もなく，文字の羅列で無味乾燥であることを承知の上である．ひたすら，CADの操作に，集中して学習できるようにした．

　本書の特長をまとめると，次のとおりである．

　① 膨大な数の演習をとおして，からだで習得できる．
　② 最終目標は **CAD 機械製図の完成** である．

　CHAPTER 2の「AutoCAD LTの操作」で，CADの概念をよく理解し，CHAPTER 3の「CADの基本操作」を終了する頃には，CADが気楽に使いこなせるようになる

はじめに

であろう．

　CHAPTER 4 の「CAD の演習」の応用演習および CHAPTER 5 の「AutoCAD LT による機械製図」で，画面に向かい，示された順番に自らの手で機械要素や機械部品を素材にした演習をこなせば，かなりハイレベルな CAD 操作ができるようになると同時に，知らず知らずのうちに機械製図の約束事も身につく．したがって，本書は，CAD 機械製図を初めて学ぶ学生の教科書，独習書に最適と思う．

　本書は「AutoCAD LT 2016」をベースにしているが，図面の作成や編集などで使用しているコマンドはすべて基本的なものである．これらはバージョン間でほとんど変更されていないので，前のバージョンでの学習，また 3 次元機能が含まれている「AutoCAD」による 2 次元の学習でも使用可能である．

　本書は，オートデスク社，オーム社書籍編集局の皆様のご協力を得て刊行したものであり，ここに感謝の意を表する次第である．

2016 年 1 月

間瀬喜夫・十肥美波子

目 次

CHAPTER 1　機械製図の概要

1•1	製図と機械製図	002		4.	部分投影図	005
1•2	図面の大きさ	002		5.	部分拡大図	005
1•3	図面に用いる線の種類と太さ	003		6.	断面図	006
1•4	図面に用いる尺度	004		7.	図形の省略	006
1•5	図面に用いる文字	004		8.	特別な図示方法	007
1•6	図形の表し方	004	**1•7**		寸法の記入方法	007
	1. 投影図	005	**1•8**		寸法数値の表し方	008
	2. 補助投影図	005	**1•9**		おもな寸法補助記号の使い方	008
	3. 回転投影図	005				

CHAPTER 2　AutoCAD LT の操作

2•1	AutoCAD LT の概要	010	**2•4**	キャンセル，「元に戻す」と「やり直し」	018
2•2	入力画面	011	**2•5**	ズームと画面移動	019
2•3	コマンドの実行	011	**2•6**	直交モード	020
	1. アプリケーションメニュー	012	**2•7**	グリッド	021
	2. クイックアクセスツールバー	012	**2•8**	オブジェクト選択	022
	3. リボン	012	**2•9**	画層	023
	4. コマンドウィンドウからキー入力	015	**2•10**	オブジェクトスナップ（O スナップ）	025
	5. コマンドオプション	016	**2•11**	グリップ	028
	6. ショートカットメニュー	017	**2•12**	線の太さ	028
	7. ナビゲーションバー	017			
	8. ステータスバー	017			

CHAPTER 3　CADの基本操作

3・1 演習を始める前に･･････････ 032	1. ハッチングの原点･･････････ 072
1. 必要のないツールの解除 ･･････ 032	2. ギャップ許容値･･････････ 072
2. 座標の知識 ･･････････ 032	3. 独立したハッチング･･････････ 073
3. 入力画面の準備 ･･････････ 033	4. ハッチング境界の再作成･････ 073
参考　本章の演習で用いるコマンドに対応	**3・3** テンプレートファイルの準備････ 075
したリボンのアイコンボタン･････ 037	**3・4** よく使う修正コマンド･･････ 088
作図コマンド･･････････ 037	演習 3・13　削除･･････････ 088
修正コマンド ･･････････ 038	演習 3・14　複写とオフセット･････ 090
注釈コマンド･･････････ 040	演習 3・15　配列複写･･････････ 092
画層関連コマンド･･････････ 041	演習 3・16　鏡像･･････････ 094
印刷コマンド･･････････ 041	演習 3・17　面取りとフィレット･････ 096
	演習 3・18　移動と回転･･････････ 098
3・2 よく使う作図コマンド･･････････ 042	演習 3・19　ストレッチ･･････････ 100
演習 3・1　線分の作成･･････････ 042	演習 3・20　尺度変更･･････････ 102
演習 3・2　絶対座標入力･･････････ 044	演習 3・21　トリムと延長･･････････ 104
演習 3・3　相対座標入力･･････････ 046	演習 3・22　部分削除･･････････ 106
演習 3・4　円，円弧，楕円の作成･････ 048	**3・5** 図面の縮尺・倍尺･･････････ 108
演習 3・5　一時オブジェクトスナップ	**1.** モデル空間で拡大する図面，倍尺
（一時Oスナップ）･････ 050	する図面をつくる　･･････････ 108
演習 3・6　定常オブジェクトスナップ	演習 3・23　縮尺する図面（1：100） 112
（定常Oスナップ）･････ 052	演習 3・24　縮尺する図面（1：100）
演習 3・7　スナップモード･･････････ 054	異尺度対応機能を使用する 114
演習 3・8　スプライン曲線の作成･････ 056	演習 3・25　倍尺する図面（10：1）･･ 116
演習 3・9　ポリゴンと長方形の作成 058	演習 3・26　倍尺する図面（10：1）
演習 3・10　文字記入と編集･･････････ 060	異尺度対応機能を使用する 118
演習 3・11　寸法記入･･････････ 064	**2.** ペーパー空間のレイアウト機能 120
参考　新しい寸法記入コマンド･･････ 068	演習 3・27　レイアウトを作成する
演習 3・12　ハッチング･･････････ 070	（部分拡大図）･･････････ 126
参考　ハッチングのオプション機能････ 072	**3・6** ブロック図形の活用･･････････ 132
	演習 3・28　ブロック定義と挿入･････ 136
	演習 3・29　DesignCenter ･･････ 138
	演習 3・30　ブロックと属性定義･････ 140

参考 ダイナミックブロック・・・・・・・・・ 148
  1. ブロックエディタ ・・・・・・・・・ 148
  2. パラメータ・・・・・・・・・・・・・・・ 149
  3. アクション・・・・・・・・・・・・・・・ 149
  4. パラメータセット・・・・・・・・・・ 150
  5. ダイナミックブロック作成例・・・ 150

CHAPTER 4　CADの演習

演習 4・1　正七角形と内接円・・・・・・・ 158

演習 4・2　正三角形と内接円・・・・・・・ 160

演習 4・3　連続半円・・・・・・・・・・・・・・ 162

演習 4・4　平行四辺形・・・・・・・・・・・・ 164

演習 4・5　鍔（つば）・・・・・・・・・・・・ 166

目次

演習 4·6 三角穴 168

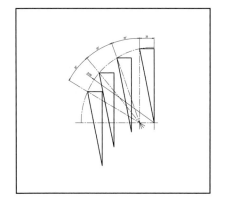

演習 4·7 トロコイドもどき 170

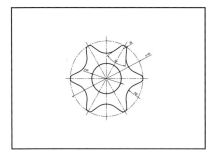

演習 4·8 プレス打ち抜き材 ① 172

演習 4·9 プレス打ち抜き材 ② 174

演習 4·10 プレス打ち抜き材 ③ 176

演習 4·11 板製スパナ 178

演習 4·12 プレス打ち抜き材 ④ 180

CHAPTER 5　AutoCAD LT による機械製図

5・1　一面図 ················ 184

演習 5・1　板厚の表示 ············ 184

演習 5・2　φと□付き寸法 ·········· 186

演習 5・3　ボルト略図 ············ 188

演習 5・4　ボルト 2（ストレッチ）·· 190

演習 5・5　公差の記入 ············ 192

演習 5・6　ロッカーアーム ········ 196

5・2　二面図 ················ 200

演習 5・7　F ブロック ············ 200

演習 5・8　V ブロック ············ 202

目　　次

演習 5・9　U継手　…………… 206

演習 5・10　ダイアル………… 208

演習 5・11　共口スパナ……… 212

演習 5・12　コンロッド……… 216

演習 5・13　星形プレート………… 220

演習 5・14　フランジ継手………… 222

演習 5・15　シリンダ……………… 226

演習 5・16　クランクシャフト……… 230

演習 5・17　平歯車・・・・・・・・・・・・・・・・・・・ 234

演習 5・18　創成歯形・・・・・・・・・・・・・・・・・ 236

演習 5・19　傘歯車・・・・・・・・・・・・・・・・・・・ 240

5・3　三面図など・・・・・・・・・・・・・・・・・・・・ 244

演習 5・20　スペーサ・・・・・・・・・・・・・・・・・ 244

演習 5・21　コーナ部材・・・・・・・・・・・・・・ 248

演習 5・22　軸受・・・・・・・・・・・・・・・・・・・・・ 250

演習 5・23　ボルト・ナット・・・・・・・・・ 254

演習 5・24 補助投影図 ・・・・・・・・・・・・・ 258

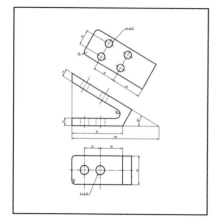

演習 5・25 回転投影図 ・・・・・・・・・・・・・ 262

演習 5・26 部分投影図 ・・・・・・・・・・・・・ 266

演習 5・27 組立図（マルチデザイン環境の利用）・・・・・・・・・・・ 270

おわりに ・・・・・・・・・・・・・・・・・・・・・・・・・・・ 277
参考図書 ・・・・・・・・・・・・・・・・・・・・・・・・・・・ 278
索引 ・・・・・・・・・・・・・・・・・・・・・・・・・・・・・ 279

本書の操作手順の表記

本書の操作手順では，限られたスペースで初心者にわかりやすく，簡潔かつ正確に操作方法を習得できるように，操作手順を以下のように表記している．なお，メインコマンドはリボンからの実行を，オプションコマンドはコマンドウィンドウからの選択を基本とする．

操作内容	本書での表記
マウスの左ボタンで選択する	(SEL)
マウスの右ボタンを押す	(右)
リボンからコマンドを実行する	[タブ名] タブ [パネル名]/コマンド名 を (SEL)
例えば 「線分」コマンドを実行する場合	[ホーム] タブ [作成]/線分 を (SEL)
展開ボタン ▼ がついている場合， 　例えば「円」コマンドを実行する場合	[ホーム] タブ [作成]/円/3 点 を (SEL)
コマンドウィンドウからコマンドオプションを選択する	コマンドウィンドウ の [オプション名] を (SEL)
ショートカットメニューから操作を選択	(右) ショートカットメニュー の [コマンド名] を (SEL)
アプリケーションメニューから操作を選択	アプリケーションメニュー の [コマンド名] を (SEL)
クイックアクセスツールバーから操作を選択	クイックアクセスツールバー の [コマンド名] を (SEL)
ナビゲーションバーから操作を選択	ナビゲーションバー の [コマンド名] を (SEL)
ステータスバーのツールを選択	ステータスバー の [ツール名] を (SEL)
キーボードから Enter キーを押す	[Enter]
例えば 100 と入力して Enter キーを押す場合	100 [Enter]
キーボードから Esc キーを押す	[Esc]
閉じるボタンを押す	✕ を (SEL)
複数の操作を 1 行に書いたときの区切り記号	//

CHAPTER 1 機械製図の概要

機械製図・CAD 製図などの製図ルールは，日本工業規格（JIS）で詳細に規定されているが，本書は，"パソコン CAD を使いこなす"ことに力点をおいているので，ここでは，機械製図・CAD 機械製図に関連した一般的な事項のうち，本書にかかわりの深いものだけをとり上げて解説する．

1・1 製図と機械製図

日本工業規格では，JIS Z 8310 に製図総則がある．これは，各種の工業に共通した基本的な図面作成，つまり"製図をする"にあたっての一般事項を規定したものである．したがって，この"製図総則"を基本に，機械・建築・土木などそれぞれの分野の製図規格が規定されている．このうち，機械工業分野の製図規格として，JIS B 0001 に"機械製図"，JIS B 3402 に"CAD 機械製図"がある．

なお，JIS には，製図に関連した規格として，表 1・1 に示すような種類がある．

表 1・1 製図関連のおもな JIS 規格

分 類	規格番号	規格名称	分 類	規格番号	規格名称
基 本	Z 8310：2010	製図総則	特殊な製図	B 0002：1998	製図 — ねじ及びねじ部品
	Z 8114：1999	製図 — 製図用語		B 0003：2012	歯車製図
	B 3401：1993	CAD 用語		B 0004：2007	ばね製図
	Z 8311：1998	製図 — 製図用紙のサイズ及び図面の様式		B 0005：1999	製図 — 転がり軸受
				B 0006：1993	製図 — スプライン及びセレーションの表し方
	Z 8312：1999	製図 — 表示の一般原則 — 線の基本原則		B 0011：1998	製図 — 配管の簡略図示方法
	Z 8313：1998	製図 — 文字		B 0041：1999	製図 — センタ穴の簡略図示方法
	Z 8314：1998	製図 — 尺度	記 号	B 0122：1978	加工方法記号
	Z 8315：1999	製図 — 投影法		C 0303：2000	構内電気設備の配線用図記号
	Z 8316：1999	製図 — 図形の表し方の原則		Z 3021：2010	溶接記号
	Z 8317：2008	製図 — 寸法及び公差の記入方法		Z 8207：1999	真空装置用図記号
	Z 8318：2013	製品の技術文書情報（TPD）— 長さ寸法及び角度寸法の許容限界の指示方法	公差・許容差	B 0401：1998	寸法公差及びはめあいの方式
				B 0024：1988	製図 — 公差表示方式の基本原則
部門別	A 0101：2012	土木製図		B 0601：2013	製品の幾何特性仕様（GPS）— 表面性状：輪郭曲線方式
	A 0150：1999	建築製図通則			
	B 0001：2010	機械製図		B 0031：2003	製品の幾何特性仕様（GPS）— 表面性状の図示方法
	B 3402：2000	CAD 機械製図			

1・2 図面の大きさ

書籍・雑誌・用紙など紙の仕上がり寸法には A 列サイズと B 列サイズとがあるが，製図では，表 1・2 に示すように，A 列サイズの A0〜A4 を用いる（図 1・1）．また，用紙は，一般には，横長（長辺を左右方向）に置いて用いるが，A4 だけは縦長（短辺を左右方向）に置いてもよい（図 1・2）．

なお，図面には，用紙の大きさに応じて輪郭線を設け，図面の右下隅には，図名，尺度，CAD システム名などを記入する表題欄を設ける．ただし，先にも述べたように，本書では CAD を使いこなすことに力点をおいているので，表題欄は一切省略した．

表 1・2　A 列の紙の大きさと図面の輪郭　　（単位：mm）

用紙の大きさの呼び		A 0	A 1	A 2	A 3	A 4
$a^* \times b^*$		841 × 1189	594 × 841	420 × 594	297 × 420	210 × 297
c^*（最小）		20	20	10	10	10
d^*（最小）	とじない場合	20	20	10	10	10
	とじる場合	20	20	20	20	20

〔注〕　* 図 1・2 参照

図 1・1　紙の仕上がり（A 列の場合）

〔注〕　図中の a〜d の記号は表 1・2 の a〜d に対応．
図 1・2　紙の置き方

1・3　図面に用いる線の種類と太さ

図面でよく用いる線の種類には，実線，破線，一点鎖線，二点鎖線の 4 種類がある．

① 実　　　線……連続した 1 本の線．
② 破　　　線……一定の間隔で短い線が規則的に繰り返される線．
③ 一点鎖線……長い線と短い線とを交互に並べた線．
④ 二点鎖線……長い線・短い線・短い線を 1 つのブロックとして並べた線．

線の太さは細線，太線，極太線の 3 つの太さの段階があり，太さの基準は，0.13 mm，0.18 mm，0.25 mm，0.35 mm，0.5 mm，0.7 mm，1 mm，1.4 mm と 2 mm である．なお，同じ図面の中での線の太さは，

表 1・3 線の種類・太さ・用法

線の太さと種類		用途による名称	線 の 用 途
太い実線	———————	外 形 線	対象物の見える部分の形状を表すのに用いる.
細い実線	———————	寸 法 線	寸法記入に用いる.
		寸 法 補 助 線	寸法を記入するために図形から引き出すのに用いる.
		引 出 線	記述・記号などを示すために引き出すのに用いる.
		中 心 線	図形に中心線を簡略して表すのに用いる.
細い破線 （または太い破線）	- - - - - - -	か く れ 線	対象物の見えない部分の形状を表すのに用いる.
細い一点鎖線	—-—-—-—	中 心 線	① 図形の中心を表すのに用いる. ② 中心が移動する中心軌跡を表すのに用いる.
細い二点鎖線	—-‥-‥-—	想 像 線	隣接部分を参考に示したり，加工前または加工後の形状を表すなどに用いる.
不規則な波形の細い実線	～～～	破 断 線	対象物の一部を破った境界，または一部を取り去った境界を表すのに用いる.
極太の実線	━━━━━	特殊な用途の線	薄肉部の単線図示をするのに用いる.

細線：太線：極太線＝1：2：4の割合とし，極太線は特殊な用途の線として用いる．

表 1・3 に，よく用いる線の種類・太さとその用法を示す．

1・4　図面に用いる尺度

図形の大きさ（長さ）と対象物の実際の大きさ（長さ）との割合を尺度という．尺度には，縮尺，現尺，倍尺がある．表 1・4 は，使用頻度が比較的高い尺度の値を示したものである．

この尺度は，図面の表題欄に記入するが，同一図面内に異なる尺度が用いられる場合は，必要に応じてその図の付近にも記入する．

表 1・4 尺　度

尺度の種類	値
縮　尺	1：2, 1：5, 1：10, 1：20, 1：50, 1：100, 1：200
現　尺	1：1
倍　尺	2：1, 5：1, 10：1, 20：1, 50：1

1・5　図面に用いる文字

図面では，漢字，仮名，ラテン文字，数字と記号を用いる．仮名は，とくに強調したい場合を除いて，片仮名または平仮名のいずれかとし，同じ図面の中では混用しない（ただし，外来語の表記に片仮名を用いることは混用とみなさない）．

文字高さは，とくに必要がある場合を除き，漢字は 3.5 mm，5 mm，7 mm と 10 mm とし，仮名，ラテン文字，数字および記号は 2.5 mm，3.5 mm，5 mm，7 mm と 10 mm とする．

1・6　図形の表し方

図面に描く部品図や組立図などの図形は，図面の使用者が，正確・容易に理解できるように，投影図法を使って描く．

1. 投影図

投影図は第三角法によって描く．

まず，対象物の形状・機能をもっとも明りょうに表す主投影図（正面図）を描く（特別の理由がなければ対象物を横長に置いて描く）．

次に，主投影図を補足するほかの投影図を描く．ただし，主投影図を補足するほかの投影図はできるだけ少なくし，主投影図だけで表せる物に対しては，ほかの投影図は描かない．また，互いに関連する図の配置は，なるべくかくれ線を用いないですむようにする．

図1・3 第三角法

A：正面図
B：平面図
C：左側面図
D：右側面図
E：下面図

なお，投影法が第三角法であることを明示する目的で，図1・3に示すように，"第三角法の記号"を表題欄またはその近くに描いておく．

2. 補助投影図

斜面部がある対象物で，その斜面の実形を図示する必要のある場合は，その斜面に対向する位置に補助投影図として表す（図1・4）．

3. 回転投影図

投影面に，ある角度をもっているために，投影面にその対象物の実形が表れないときには，その部分を回転させて図示する回転投影図によって表す（図1・5）．

4. 部分投影図

図の一部を示すだけでその実形がわかる場合は，その必要な部分だけを部分投影図として描く．ただし，この投影図を用いた場合は，省いた部分との境界を破断線で示す（図1・6）．

図1・4 補助投影図　　図1・5 回転投影図　　図1・6 部分投影図

5. 部分拡大図

図面の中のある特定部分を詳細に図示できないときは，部分拡大図で描く．この場合，図1・7に示すように，拡大したい部分を細い実線で囲んで英大文字を付記し，その拡大図を図面上の別の箇所に描くとともに表示の文字と尺度とを付記する．なお，尺度を示す必要性がない場合は，尺度の代わりに"拡大図"と付記してもよい．

図1・7 部分拡大図

6. 断面図

断面図の図形は，対象物を仮に切断し，その切断した手前の部分を取り除いて描く．この断面図により，対象物のかくれた部分をわかりやすく表すことができる．ただし，リブ・車のアーム・歯車の歯などを長手方向に切断すると，逆に理解を妨げることになり，軸・ピン・ボルト・ナット・座金・リベット・キーなどを長手方向に切断しても意味がないので，このような対象物は，原則として長手方向には切断しない．以下に，おもな断面図を列記する．

図1・8　全断面図　　　図1・9　片側断面図

図1・10　部分断面図　　図1・11　回転図示断面図

なお，断面図に表れる切り口を明示することがとくに必要な場合はハッチングを施す．

① **全断面図**……対象物を一平面の切断面で切断して得られる断面図を省くことなく描いた断面図（図1・8）．

② **片側断面図**……対称中心軸を境にして，外形図の半分と全断面図の半分とを組み合わせて描いた図（図1・9）．

③ **部分断面図**……図形の大部分を外形図とし，必要とする要所の一部分だけを断面図として表した図（図1・10）．

④ **回転図示断面図**……描いた図の投影面に垂直な切断面で描いた切り口を90度回転して，その投影図に描いた断面図（図1・11）．

7. 図形の省略

すべてを描かなくても形状が正しく表せるときは，図形の一部を省略することができる．

（1）**対称図形の省略**　対称図形は，対称中心線の片側の図形を省略することができる．その場合，対称図形であることを示す意味で，図1・12のように，対称中心線の両端部に短い2本の平行細線（対称図示記号）をつける．なお，対称中心線を少しこえた部分まで描くときは，対称図示記号を省略してもよい．

図1・12　対称図形の省略

（2）**繰り返し図形の省略**　同じ図形を繰り返して描くような場合は，図1・13に示すように図形の一部を省略できる．

図1・13　繰り返し図形の省略

（3）**中間部分の省略による図形の短縮**　軸・棒・管・形鋼など断面の形状が同じ図形や，ラック・工作機械の親ねじなど同じ形が規則正しく並んでいる部分，あるいは長いテーパなどの部分は，中間部分を省略して図示することができる．この場合，切り取った端部は破断線で示す（図1・14）．

図1・14　中間部分の省略

8. 特別な図示方法

（1） 2つの面の交わり部の表示 図1・15に示すような交わり部（角部）に丸みがあると，厳密には，その角部に対応する投影図に外形線としては表れない．しかし，対応する図に，この丸みの部分を表す必要があるときは，同図に示すように，交わり部に丸みがない場合の交線の位置に太い実線（外形線）で表し，形状を明示する．

図1・15 2つの面の交わり部の表示　　図1・16 平面の表示

（2） 平面の表示 図形の特定部分が平面であることを示す必要があるときは，該当箇所に細い実線の対角線を記入し，明示する（図1・16）．

1・7　寸法の記入方法

寸法は，図1・17に示すように，寸法線・寸法補助線・寸法補助記号（1・9節参照）などを用いて，寸法数値によって示す．図面に示す寸法は，とくに明示しない限り，その図面に図示した対象物の仕上がり寸法を示す．

図面に寸法を記入する場合は，次の寸法記入の原則にしたがって記入を行う．

① 対象物の機能・製作・組立などを考えて，必要と思われる寸法を明りょうに図面に指示する．
② 寸法は,対象物の大きさ，姿勢および位置をもっとも明らかに表すのに，必要で十分なものを記入する．
③ 寸法は，なるべく主投影図（正面図）に集中する（図1・18）．
④ 寸法は，重複記入を避ける．
⑤ 寸法は，なるべく計算して求める必要がないように記入する．
⑥ 寸法は，必要に応じて基準とする点，線，または面を基にして記入する（図1・19）．
⑦ 関連する寸法は，なるべく1か所にまとめて記入する．
⑧ 寸法は，なるべく工程ごとに配列を分けて記入する．
⑨ 寸法のうち，参考寸法については，寸法数値に括弧をつけて記入する．

図1・17 寸法数値・寸法線・寸法補助線

図1・18 主投影図への寸法記入

図1・19 大きい穴を基準とした寸法記入の例

1・8 寸法数値の表し方

寸法数値は，次の原則によって記入する．

① 長さの寸法数値は，原則としてミリメートルの単位とし，単位記号はつけない．

② 角度の寸法数値は，一般に度の単位を記入し，必要がある場合には，分および秒を併用することができる（例：18°，22.5°，22°30′10″，0.5 rad）．

③ 寸法数値の小数点は，下の点とし，数字の間を適当にあけ，その中間に大きめに書く．

④ 寸法数値は，複写した図面などでも完全に読めるように，十分な大きさで記入する．

⑤ 寸法数値を記入する位置および向きは，一般に，水平方向の寸法線に対しては図面の下辺から，垂直方向の寸法線に対しては図面の右辺から読めるように書く．斜めの方向の寸法線に対してもこれに準じて書く（図1・20）．

⑥ 寸法数値は寸法線を中断しないで，これに沿ってその上側にわずかに離して記入する．この場合，寸法数値は寸法線のほぼ中央に書くのがよい（図1・20）．

図1・20　寸法数値を記入する位置および向き

1・9 おもな寸法補助記号の使い方

主投影図を補足するほかの投影図をできるだけ少なくするなどの目的で寸法補助記号を用いる（表1・5）．

寸法補助記号のうち，円形の図に直径の寸法を記入するときは，寸法数値の前に直径の記号 ϕ は記入しないことになっているが，一般に，CADでは，自動的に直径の記号 ϕ がつく．このほか，「中心線と中心線の交点の処理」のように，厳密にはJIS規格に対応していない部分もあるが，本書では，実用上支障がないものについてはあえて修正せず，そのままとしている．

表1・5　おもな寸法補助記号

記号	意味	呼び方	記入例
ϕ	180°を超える円弧の直径または円の直径	"まる" または "ふぁい"	ϕ 20
$S\phi$	180°を超える球の円弧の直径または球の直径	"えすまる" または "えすふぁい"	$S\phi$ 18
□	正方形の辺	"かく"	□ 32
R	半径	"あーる"	R 12
SR	球半径	"えすあーる"	SR 18
⌒	円弧の長さ	"えんこ"	⌒ 45
C	45°の面取り	"しー"	C 10
t	厚さ	"てぃー"	t 5

CHAPTER 2 AutoCAD LT の操作

CHAPTER 2　AutoCAD LT の操作

2・1　AutoCAD LT の概要

　CAD（Computer Aided Design）は，コンピュータの支援により，ディスプレイに向かい，多くのコマンドを効率よく使用して設計製図をするプログラムである．

　CAD の使用による図面と手描きによる図面とを比較すると，

① 図面の仕上がりがきれい．
② 既存図面の変更・修正が容易．
③ 図面の保管がペーパレスかつ容易．

などのメリットがあげられる．

　AutoCAD は，本格的なパソコン CAD として世界的に先駆けとなったソフトウェアで，1983 年に，アメリカのオートデスク社で開発されたものである．日本に入ってきたのは，1985 年，AutoCAD Version 2.1（日本語バージョンは AutoCAD 2）からである．その後，バージョンアップされるごとに内容は充実したものとなり，1993 年，Windows の時代に入ると，2 次元機能を主体とした「AutoCAD LT」が誕生した．これは AutoCAD から 3 次元機能やカスタマイズ性を大幅に省き，低価格を実現したものである．

　この AutoCAD LT は，AutoCAD とともにバージョンを重ね，利便性と効率性を強化している．2015 年には「自由な発想やデザインを自信を持って表現できる」とテーマを掲げ，ビジュアル効果や寸法機能などの操作性を向上させた AutoCAD LT2016 が登場した．AutoCAD と AutoCAD LT は互換性があるが，バージョンによって，下位バージョンのファイルは上位バージョンで開けるが，その逆はできない．ファイルを保存する際，注意する必要がある（表 2・1）．

　AutoCAD と AutoCAD LT の多くのコマンドは汎用性を重視して設計されており，世界的にさまざまな分野で使用されている．また，カスタマイズも容易であるため，それぞれの分野に合った AutoCAD 製品，アプリケーションも数多く販売されている．

　本書では，AutoCAD LT2016 を主体に操作の説明をしている．バージョンが異なると，入力画面やコマンド体系に違いはあるが，AutoCAD LT の基本的概念は変わらない．また AutoCAD 2016 も同様である．

表2・1　Auto CAD／AutoCAD LT のバージョンと DWG／DXF ファイル形式

バージョン	DWG／DXFファイル形式	DWG 出力						DXF 出力					
		2013形式	2010形式	2007形式	2004形式	2000形式	R14形式	2013形式	2010形式	2007形式	2004形式	2000形式	R12形式
AutoCAD 2016／LT 2016	AutoCAD 2013／LT 2013	◎	○	○	○	○	○	◎	○	○	○	○	○
AutoCAD 2015／LT 2015													
AutoCAD 2014／LT 2014													
AutoCAD 2013／LT 2013													
AutoCAD 2012／LT 2012	AutoCAD 2010／LT 2010		◎	○	○	○	○		◎	○	○	○	○
AutoCAD 2011／LT 2011													
AutoCAD 2010／LT 2010													
AutoCAD 2009／LT 2009	AutoCAD 2007／LT 2007	−	◎	○	○	○	○	−	◎	○	○	○	○
AutoCAD 2008／LT 2008													
AutoCAD 2007／LT 2007													

〔注〕　◎：標準のファイル形式　○：ファイル形式を指定して保存可能　−：未対応　△：書き出し不可（ただし DWG TrueView で変換可能）

2・2 入力画面

AutoCAD LT2016を起動すると，図2・1に示すような画面が表示される．「スタートアップ（図面を開始）」を選択すると，図2・2に示す入力画面が表示される．この画面で，コマンドを実行し図面を作成していく．

図2・1　AutoCAD LT2016のスタート画面

図2・2　AutoCAD LT2016の入力画面

2・3 コマンドの実行

AutoCAD LT2016では，以下に示す方法を使用してコマンドを実行することができる．

1. アプリケーションメニュー（図2・3）

画面左上にあるアプリケーションボタンを選択すると，アプリケーションメニューが表示され，「新規作成」，「保存」，「印刷」などのコマンドを実行できる．また，最近使用したドキュメント欄には，最近作業した図面の名前が一覧される．一覧された図面の名前にカーソルを合わせると，図面のプレビューイメージが表示され，視覚的に図面を判別しながら目的の図面を開くことができる．

図2・3　アプリケーションメニュー

2. クイックアクセスツールバー（図2・4）

画面最上部にあるクイックアクセスツールバーには，「図面を開く」，「上書き保存」といった頻繁に使用されるコマンドが割りつけられている．

図2・4　クイックアクセスツールバー

3. リボン（図2・5）

画面上部に表示されているリボンは，リボンタブとリボンパネルで構成されている．

2・3 コマンドの実行

図2・5　リボン

リボンタブとリボンパネル

　AutoCAD LT2016のリボンには，「ホーム」「挿入」「注釈」「パラメトリック」「表示」「管理」「出力」「アドイン」「A360」のタブがある．それぞれのタブを選択すると，機能別に割り付けられたリボンパネルが表示される．

　パネルの中から，作業アイコンボタンを選択して，図形を作成，修正するコマンドが実行できる．

　AutoCAD 2016や他のデスクトップ製品では，3Dモデリング用のツールや，それぞれの製品のツールに合わせた違ったリボンが提供される．他の製品を使用する場合，同じ「ホーム」タブでも，リボンパネルの内容が違っていることがあるので注意する．

コマンドアイコンボタンの展開

　アイコンボタンには，■が表示されているものがある．この■を選択すると，作図方法や他のコマンドが選択できる．たとえば円コマンドのアイコンボタンは，「中心，半径」を指定して作図する方法が既定値となっているが，■を選択し，他の作図方法を指定できる．このとき，アイコンボタンは指定した作図方法のアイコンになる．続けて同じ方法で作図する場合は，■を選択せずにアイコンボタンを選択すればよい．

図2・6　円コマンドの■ボタンと展開されたメニュー　　　図2・7　「3点」を選択後のアイコン表示

スライドアウトパネル

　リボンパネルのタイトル右側にある■は，他のコマンドアイコンボタンを表示するために，リボンパネルがスライドアウトできることを示している．■を選択すると，他のコマンドアイコンボタンが表示され，カーソルをスライドアウトされたパネル部分以外のところに動かすと，自動的に閉じる．パネルを展開したままにするには，押しピンを選択する．再度押しピンを選択すると，展開されている部分は閉じる．

図2・8 スライドアウトした［作成］リボンパネル

図2・9 押しピンを選択して，スライドアウトした部分を常に表示

ダイアログボックスランチャー

リボンパネルには，タイトル右側隅にダイアログボックスランチャーと呼ばれる矢印が表示されるものがある．この矢印を選択すると，そのパネルに関連する設定などの操作ができる画面であるダイアログボックスが表示される．たとえば，「注釈」タブの「文字」パネルでは，「文字スタイル管理」のダイアログボックスが表示される．「寸法記入」では「寸法スタイル管理」，［引出線］では［マルチ引出線スタイル管理］のダイアログボックスが表示される．

図2・10 ダイアログボックスランチャーを選択してダイアログボックスを表示

コンテキストリボンタブ

特定のコマンドや図形を形成する一つ一つの要素であるオブジェクトが選択されされたときのみ表示され

るコンテキストリボンタブでは，自動的に専用の関連する操作が選択しやすいようになる．コマンドを終了すると自動的にコンテキストタブは閉じる．

図2・11　配列複写コマンドを実行して表示されるコンテキストタブ

ツールチップ

リボン上のコマンドアイコンボタンにカーソルを近づけると，ツールチップと呼ばれる説明画面が表示される．最初に，コマンド名と簡単な説明が表示され，少し時間をおいて，操作方法などを表現したより詳細な説明文である拡張ツールチップが表示される（ツールチップを非表示にする場合は，p.166を参照）．

図2・12　ツールチップ（簡単な説明）　　　図2・13　拡張ツールチップ（詳細な説明）

4. コマンドウィンドウからキー入力

コマンドウィンドウには，操作をする上で必要なメッセージが表示されるので，対話方式で，その指示にしたがって操作を進めていくことになる．

起動すると，作図領域の下部に浮動状態で表示される．コマンドウィンドウの左端の濃いグレーの部分を選択してドラッグすることで，表示位置を変更できる（図2・14）．

濃いグレーの部分を選択してドラッグ

図2・14　コマンドウィンドウの位置を変更

カーソルをコマンドウィンドウの上，下または右端に合わせて，上下方向または左右方向矢印のカーソルを表示し，上下または右方向にドラッグしてウィンドウのサイズを変更することができる．操作に慣れるまでは2～3行表示しておくとよい（図2・15）．

水平部分に合わせて両方向の矢印を上下にドラッグしてサイズを変更

図2・15　コマンドウィンドウのサイズ変更（3行分表示した例）

コマンドウィンドウの「ここにコマンドを入力」欄に，各コマンドの名前をフルネーム，または1文字か2文字に短縮登録されたアルファベットを入力して，コマンドを実行することができる．図2・16にコマンドウィンドウにLINE（線分コマンド）とキー入力した例を示す．

また，コマンド名の最初の1文字を入力すると，そのアルファベットから始まるコマンド名が一覧表示されるので，その一覧から選択してもよい（図2・17）．

図2・16　コマンドウィンドウにLINEとキー入力

図2・17　コマンドウィンドウにLとキー入力するとLで始まるコマンドが一覧表示される．

5. コマンドオプション

コマンドには実行後，様々なオプションが用意されているものがある．オプションを使用することで，余分な操作を短縮できる．

コマンドオプションは，コマンドを実行すると，下図に示すように，コマンドウィンドウに表示される．表示されたオプション名を選択すると，コマンドオプションを実行できる．

コマンドオプションは，ショートカットメニューからも選択できる．

図2・18　コマンドウィンドウに表示される円コマンドのオプション

図2・19　コマンドウィンドウに表示されるオフセットコマンドのオプション

6. ショートカットメニュー

　ショートカットメニューは，マウスの右クリックをすることで，画面に表示される．そのメニューから，そのとき必要なコマンドやコマンドオプションを選択できる．このショートカットメニューを利用すると，マウスをむだに動かすことなく，必要なコマンドをスピーディに選択できる．

　次のような操作に関して，ショートカットメニューを使用するとよい．

- ・最後に入力したコマンドを繰り返す．
- ・現在のコマンドをキャンセルする．
- ・最近の入力のリストを表示して，同じコマンドを実行する．
- ・コマンドオプションを選択する．
- ・最後に入力したコマンドの結果を元に戻す．

　なお，コマンド実行中，コマンドオプション選択時以外は，右クリックはキーボードの［Enter］キーと同じ役割となる（オブジェクト選択の確定や円の半径値の確定など）．

図2・20　コマンド実行前に右クリックして表示されたショートカットメニュー（直前に複写コマンドを実行していた例）

図2・21　線分コマンド実行後に右クリックして表示されたショートカットメニュー（［Enter］で作図した線分を確定，［閉じる］でコマンドオプションを選択）

7. ナビゲーションバー

　画面右側上方に表示されているナビゲーションバーを使用すると，ズームコマンドや画面移動コマンドを容易に実行できる．

　ナビゲーションバーは浮動状態で表示されており，バーの上部を選択してドラッグすることで，表示位置を変更できる．また，カーソルを近づけると明るく表示され，アイコンボタンが明確になる．

図2・22　ナビゲーションバー

8. ステータスバー

　画面下部にあるステータスバーには，作図を補助するいくつかのツールのアイコンボタンがある．ボタンを選択して，設定のオン・オフを切替えることができる．

CHAPTER 2　AutoCAD LT の操作

図2・23　ステータスバー

　いくつかのアイコンボタンには▼が表示されており，▼を選択することで，設定内容を変更できる．初期状態では表示されていないツールもあるが，ステータスバーの一番右側にある［カスタマイズ］のアイコンボタンを選択して表示されるメニューから，表示したいツールのツール名を選択しチェックをつけることで，アイコンボタンを表示できる．チェックがついているツールのツール名を選択してチェックをとると，そのツールのアイコンボタンは非表示となる．

図2・24　ステータスバーでツールのアイコンボタンを表示するメニュー

2・4　キャンセル，「元に戻す」と「やり直し」

　コマンド操作を中断したい場合は，"キャンセル"操作をするとよい．キーボードの［Esc］キーがキャンセルボタンとなっている．

　キャンセル操作をすると，コマンドウィンドウに「*キャンセル*」のメッセージと，次の行に「ここにコマンドを入力」が表示される．コマンド待ちの状態となり，次の操作を続けていくことができる．ただし，結果が出てしまったことに関しては，キャンセル操作ではどうにもならない．そこで，結果が出てしまった事実をひとつ前の状態に戻す，「元に戻す」という操作が必要になる．

　「元に戻す」をしてしまった状態から，また「元に戻す」の操作をする前の状態を復活するために，「やり直し」という操作がある．また，操作中に別のコマンドを選択すると，それ以前の操作はキャンセルされる（ズームや画面移動コマンドなどは例外）．

キャンセル,「元に戻す」と「やり直し」

内　　容	操　作　手　順
キャンセルする.	[Esc] キーを押す.
操作を取り消してひとつ前の状態に戻す.	**クイックアクセスツールバー** の [**元に戻す**] を (SEL) (右) **ショートカットメニュー** の [**元に戻す**] を (SEL)
「元に戻す」の操作をする前の状態に戻す.	**クイックアクセスツールバー** の [**やり直し**] を (SEL) (右) **ショートカットメニュー** の [**やり直し**] を (SEL)

　　　　　　　　　　　　　　　元に戻す　やり直し

図2・25　クイックアクセスツールバーの [元に戻す], [やり直し] アイコンボタン

2・5　ズームと画面移動

　画面上で図形を拡大したり縮小したりする機能をズームといい, 自由な倍率で拡大, 縮小することができる. ズームコマンドは, 作図・修正作業中, 作図箇所や修正箇所を明確に捉えるために頻繁に使用する. また, 必要な表示部分を画面中央部に移動したいときは, 画面移動コマンドを使用する.

　ズームコマンド, 画面移動コマンドは, 作成・修正コマンド実行中でも割り込んで使用できる.

　ズームコマンド, 画面移動コマンドはナビゲーションバーを使用すると操作がわかりやすい. ズームコマンドは最初に「オブジェクト範囲ズーム」アイコンボタンが表示されている. ボタン下にある▼を選択すると, メニューが表示され, 他のズームコマンドを選択できる.

ズームと画面移動

内　　容	操　作　手　順
四角い枠で囲んで指定した部分を画面一杯に表示する.	**ナビゲーションバー** の [**窓ズーム**] を (SEL) (最初のコーナーを指定：)　表示したい部分の一方のコーナー を (SEL) (もう一方のコーナーを指定：)　もう一方のコーナー を (SEL)
直前の画面の状態に戻す.	**ナビゲーションバー** の [**前画面ズーム**] を (SEL)
指定されている図面範囲全体を表示する.	**ナビゲーションバー** の [**図面全体ズーム**] を (SEL)
度合いを目で確認しながらズームする.	**ナビゲーションバー** の [**リアルタイムズーム**] を (SEL) カーソルが虫めがねの形に変わる. マウスの左ボタンを押したままカーソルを画面上方に移動すると拡大表示する. マウスの左ボタンを押したままカーソルを画面下方に移動すると縮小表示する. (右) **ショートカットメニュー** の [**終了**] を (SEL)
画面を移動する.	**ナビゲーションバー** の [**画面移動**] を (SEL) カーソルが手の形に変わる. マウスの左ボタンを押したままカーソルを移動すると表示画面も上下左右に移動する. (右) **ショートカットメニュー** の [**終了**] を (SEL)

図2・26 ナビゲーションバーの[ズーム]の
　　　　アイコンボタン

図2・27 ナビゲーションバーの[画面移動]の
　　　　アイコンボタン

　マウスのホイールボタンを使用しても，ズーム，画面移動ができる．ホイールを前方に回すと表示が拡大し，後方に回すと縮小する．ホイールを押しながらマウスを動かすと，リアルタイム画面移動の操作と同じように画面移動ができる．ホイールボタンをダブルクリックすると，作図されているオブジェクトの範囲が画面いっぱいに表示される．また，右クリックして表示されるショートカットメニューからもズーム，画面移動の操作ができる．

図2・28　ショートカットメニューのズームと画面移動

2・6　直交モード

　直交モードを設定すると，カーソルはX軸またはY軸に平行な動きに拘束される．水平方向や垂直方向にまっすぐな線分を作成するときや，左右上下にまっすぐに移動したいときなどに便利である．直交モードの設定，解除は，コマンド実行前でも実行途中でも，いつでも可能である．

直交モード	
内　　容	操　作　手　順
直交モードに設定する.	**ステータスバー** の [カーソルの動きを直交に強制] を (SEL)
直交モードを解除する.	再度, **ステータスバー** の [カーソルの動きを直交に強制] を (SEL)

図2・29　直交モードを設定するアイコンボタン

2・7 グリッド

　画面に矩形状のグリッドを表示して, グラフ用紙のようなイメージで作図することができる. XとYの間隔を変更することで1目盛の単位は自由に設定できる. ただし, 画面のイメージのみであって, 作図, 修正操作や印刷に影響はない. 設定された図面範囲内でグリッドを表示すれば, 作図領域を確認するのに便利だ.

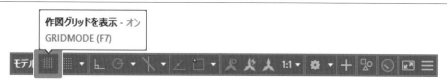

図2・30　グリッド表示を設定するアイコンボタン

グリッド	
内　　容	操　作　手　順
グリッドを表示する.	**ステータスバー** の [作図グリッドを表示] を (SEL)
グリッドを非表示する.	再度, **ステータスバー** の [作図グリッドを表示] を (SEL)
グリッド間隔を指定する. (X, Y 間隔とも既定値は10)	**ステータスバー** の [作図グリッドを表示] を (右) [グリッドの設定...] を (SEL) グリッド間隔欄 □グリッドオン を (SEL)　　　　　　　　　　　　　…‥ (✔をつける) 　(グリッドX間隔：)　任意の数値を入力 　(グリッドY間隔：)　任意の数値を入力 [OK] を (SEL)
グリッドの表示範囲を図面範囲の領域に制限する.	**ステータスバー** の [グリッド表示] を (右) [グリッドの設定...] を (SEL) グリッドの動作欄 □図面範囲外のグリッドを表示 を (SEL) [OK] を (SEL)　　　　　　　　　　　　　　　　　　…‥ (✔をとる)

CHAPTER 2　AutoCAD LT の操作

図 2・31　グリッドの設定画面

2・8　オブジェクト選択

　オブジェクトを修正するコマンドを選択すると，画面のクロスヘアカーソルの代わりにピックボックスと呼ばれる小さな四角形が表示されるので，修正するオブジェクトを，このピックボックスで選択（マウスをクリック）していく．選択されたオブジェクトは破線状（ハイライト）になる．

　このようにオブジェクトをひとつひとつ選択するほかに，いくつかまとめて選択する方法がある．いくつかのオブジェクトをまとめて選択するには，「窓選択」と「交差選択」とがある．また，選択しすぎた場合に，選択の途中で一部のオブジェクトを「除外する」方法もある．

オブジェクト選択		
内　　　容	操　作　手　順	
窓選択する． （枠内のオブジェクトのみ，すなわち，円と線分が選択される．）	図のように，左側の点 A から右側の点 B に向かって四角い枠を作成する． 　‥‥（この実線状の枠で青色で表示された四角を「窓選択」の枠と呼ぶ）	
交差選択する． （枠内のオブジェクトと枠に交差しているオブジェクト，すなわち，円，線分と長方形が選択される．）	図のように，右側の点 C から左側の点 D に向かって四角い枠を作成する． 　‥‥（この破線状の枠で緑色で表示された四角を「交差選択」の枠と呼ぶ）	
選択したオブジェクトの一部を除外する．	［Shift］キーを押しながらオブジェクトを選択する． 　‥‥（選択されて破線状になっていたオブジェクトが実線に戻る）	

2・9 画層

1枚の図面の中で作図されるオブジェクトは，何枚もの画層に分けて描いていく．あたかも"セル画"のような透明な用紙のイメージである．

画面ではすべての層が重ね合わさって表示されるが，必要に応じてある層の図形を表示しないことや印刷しないこと，また，ある層の図形だけを修正できない状態にすることができる．

0画層

最初は，「0（ゼロ）画層」が準備されている．この「0画層」は，基本的にはあまり作図の内容では使用せず，ブロックと呼ばれる図形を作図するときなどに使用するとよい．

Bylayer

それぞれの画層では，画層の名前やその画層で使用する色と線種，線の太さが設定できる．設定した色，線種などが画層にしたがって作図されていることを「ByLayer（バイレイヤー）」という．

なお，必要に応じて，その画層であらかじめ設定したものと異なる色や線種などで作図することもできる．

Defpoints画層

寸法を記入すると，「Defpoints」という名の画層が自動的に追加される．これは，寸法図形そのものではなく，その定義点の情報が書き込まれている．図面上ではオブジェクトの存在はないので印刷されない画層として管理されている．下書き線などにもこの画層をうまく用いるとよい．Defpoints画層に作図されたオブジェクトは画面で表示されていても印刷されない．

現在層

図形は，「現在層」と呼ばれる重なりの一番上にある層に作図される．

オブジェクトの画層変更

オブジェクトを違う画層で作図してしまった場合には，後から別の画層にオブジェクトを移動することもできる．オブジェクトを選択すると現在層を設定する欄にオブジェクトの画層名が表示される．この欄から別の画層を指定して画層を変更することができる．またオブジェクトのプロパティパレットから画層を変更することができる．

図2・32 画層プロパティ管理のアイコンボタン

CHAPTER 2 AutoCAD LT の操作

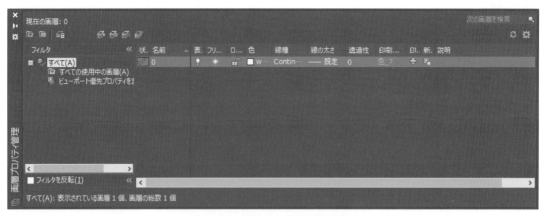

図2・33 画層プロパティ管理の画面

| 現在層を設定する
(入力したい画層に
移動する). | [ホーム] タブ [画層] のリボンパネルの　画層名表示欄 ▼ を (SEL)
　画層名　を (SEL) |

図2・34 現在層設定(注:p.085で設定した画層名を表示している)

オブジェクトを別の 画層に移動する. (方法1)	移動したいオブジェクト　を (SEL) [ホーム] タブ [画層] のリボンパネルの　画層名表示欄 ▼ を (SEL) 移動したい画層の　画層名　を (SEL) [Esc]
オブジェクトを別の 画層に移動する. (方法2) (プロパティパレッ トから)	移動したいオブジェクト　を (SEL) (右) ショートカットメニュー の [オブジェクトプロパティ管理] を (SEL) 　[画層] を (SEL) 　▼ を (SEL) 　移動したい画層の, 画層名　を (SEL) 　✕ を (SEL) [Esc]

図2・35　プロパティパレットの画層変更か所

2・10　オブジェクトスナップ（Oスナップ）

Oスナップを使用すると，あたかも磁石が吸いつくかのように画面にあるオブジェクトの正確な位置を指定できる．

Oスナップでは，端点，中点，中心，四半円点，交点，垂線，接線，近接点といったモードがよく用いられる．このモードを選択してから，スナップ点にカーソルを近づけると，オブジェクト上のマーカー（Oスナップのモードを表す目印）とチップ（Oスナップのモードの名称）が表示され，自動的に吸いつく．モードごとにマーカーの形状が違うため，目的のOスナップ点を明確に把握しながらOスナップを実行することができる（図2・39参照）．

Oスナップには一時Oスナップと定常Oスナップがある．

一時Oスナップ

必要なときに，その都度モードを設定する方法である．しかし，複数のモードを同時に設定することはできない（図2・37参照）．

定常Oスナップ

あらかじめ設定したモードが解除するまで続いている方式で，複数のモードを設定することができる．Oスナップの同じモードを続けて使用するときに，いちいち同じモードの設定を指定する手間が省けるので便利である．また，コマンドを実行する前でもコマンド実行中でも，いつでも設定を追加したり，解除したりできる（図2・39参照）．

LT2016では，端点，中心，交点，延長の定常Oスナップが初期設定されている．ステータスバーの［カーソルを2D参照点にスナップ］のアイコンをオンにすると，すぐに使用できる状態になっている．Oスナップを使用しないときは，必要のないときでもOスナップ上のマーカーがちらついて煩わしいので，ステータスバーの［カーソルを2D参照点にスナップ］のアイコンをオフの状態にしておくか，または設定そのものを解除しておくとよい．

表 2・2　O スナップでよく使われるモード

端　　点	線分や円弧の両端近くの位置を O スナップとして選択すると，そのオブジェクトの端点が正確に指定される．
中　　点	線分や円弧上の任意の位置を O スナップとして選択すると，そのオブジェクトの中点が正確に指定される．
中　　心	円，円弧，楕円上の任意の点を O スナップとして選択すると，その中心点が正確に指定される．
四半円点	円，円弧，楕円上の任意の点を O スナップとして選択すると，円の場合，円の中心点を通る水平線・垂直線と円との四つ交点（四半円点）のうち，選択した点にもっとも近い交点が四半円点として正確に指定される．
交　　点	オブジェクトが交差している位置を O スナップとして選択すると，2 つのオブジェクトの交点が正確に指定される．オブジェクトが交差している位置を確実に捉えると，吸着する交点に×のマーカーが表示されるが，交わっている片方のオブジェクトだけを捉えると，×…のマーカーが表示される．そのまま選択すると，コマンドウィンドウに "と" と表示されるので，交差しているもう一方のオブジェクトを選択すると，交点が指定される．選択する 2 つのオブジェクトが交わっていない場合であっても，延長された場合，交差するオブジェクト同士であれば，延長交点が指定される．また，一点鎖線や破線同士が交差し，明確な交点が存在しないときも延長交点で正確に交差位置を指定するとよい．
垂　　線	線分や円などの任意の点を O スナップとして選択すると，直前に指定した点から引き出される直線が，オブジェクトに対して直角となる点が正確に指定される．
接　　線	オブジェクトの任意の点を O スナップとして選択すると，接する点が正確に指定される．
近 接 点	オブジェクトの近くの任意の点を O スナップとして選択すると，その選択した位置にもっとも近いオブジェクト上の点が指定される．

図 2・36　定常オブジェクトスナップを設定する

O スナップ	
内　　　容	操　作　手　順
コマンド実行中に，一時 O スナップを使用する．	キーボードの［Shift］を押したまま（右） 　　必要な O スナップのモード　を（SEL） 　　一時トラッキング点(K) 　　基点設定(F) 　　2 点間中点(T) 　　XYZ フィルタ(I)　▶ 　　端点(E) 　　中点(M) 　　交点(I) 　　仮想交点(A) 　　延長(X) 　　中心(C) 　　図芯 　　四半円点(Q) 　　接線(G) 　　垂線(P) 　　平行(L) 　　点(D) 　　挿入基点(S) 　　近接点(R) 　　解除(N) 　　定常オブジェクト スナップ設定(O)... 図 2・37　一時オブジェクトスナップメニュー
定常 O スナップを設定する．	ステータスバー の［カーソルを 2D 参照点にスナップ］アイコン右側の ▼ を（SEL） 　　必要な O スナップのモード　を（SEL）　　　　　　　　　　　……（✔ をつける） 　　O スナップのモードが一覧されているメニューの外側　を（SEL） 　　　　　　　　　　　　　　　　　　　　　　　　　　　　　……（メニューが閉じる）

2・10 オブジェクトスナップ（Oスナップ）

図2・38 定常オブジェクトスナップメニュー

作図補助設定画面で定常Oスナップを設定する．	**ステータスバー** の ［**カーソルを 2D 参照点にスナップ**］ アイコン右側の ▼ を（SEL） ［オブジェクトスナップ設定］を（SEL） 　　必要なOスナップのモードの □ を（SEL）　　　　　　　　　　　……（✔をつける） ［OK］を（SEL）

図2・39 作図補助設定画面で定常オブジェクトスナップを設定

定常Oスナップを解除する．	**ステータスバー** の ［**カーソルを 2D 参照点にスナップ**］ アイコン右側の ▼ を（SEL） 　　解除したいOスナップのモード を（SEL）　　　　　　　　　　　　　……（✔をとる）
設定中の定常Oスナップを使用可にする．	**ステータスバー** の ［**カーソルを 2D 参照点にスナップ**］ アイコン を（SEL）
設定中の定常Oスナップを使用不可にする．	再度，**ステータスバー** の ［**カーソルを 2D 参照点にスナップ**］ アイコン を（SEL）

2・11 グリップ

コマンド待ちの状態で直接オブジェクトを選択すると，線分であれば端点と中点，円であれば中心点と四半円点といった，Oスナップで思いあたる箇所にグリップと呼ばれる小さな□が表示される（図2・40）．

ひとつのグリップにカーソルを近づけると，磁石のように吸いついていくので，吸いついたそのグリップを選択すると，色が変わり，コマンドウィンドウに修正機能モードが表示される．

図2・40　グリップ表示例

ここで，Enterキーを押すと，修正機能モードを切り替えることができる．

また，右クリックで表示されるショートカットメニューからも修正機能のモードを選択できる．

このようにして活性化されたグリップを基点として，ストレッチ，移動，回転，尺度変更，鏡像コマンドを実行できる．また，複写コマンドと併用しながらの操作もできるので，たとえば，回転複写，鏡像複写を実行できる．

このグリップをうまく使用すると，コマンド実行よりもスピーディで効率がよい．

グリップ	
内容	操作手順
グリップを表示する．	グリップを表示したいオブジェクト を（SEL）
グリップの表示を解除する．	[Esc]

図2・41　グリップ選択後，右クリックして表示されるショートカットメニュー

2・12 線の太さ

線の太さを設定してオブジェクトに幅を与えることができる．

線の太さが設定されたオブジェクトは，印刷時の縮尺設定とは関係なく，常に指定した太さで印刷される．

2・12 線の太さ

　線の太さは，個々のオブジェクトに設定できるが，作図する内容は画層ごとに区別するため，線の種類と同様，線の太さも画層ごとに割り当てることが望ましい．線の太さを設定しないと，作図した図形は一定の線の太さになる．

　画面上で太い線は太く，細い線は細く表示させるためには，「線の太さを表示」の設定をオンにする．ただし，線の太さを正確に確認するためには，レイアウト機能（p.120 参照）を使用しなければならない．

　作図する画面では，線の太さは一定の表示倍率で表示される．つまり画面を拡大しても縮小しても表示される線の太さは変わらない．もし，オブジェクトの線の太さの表示加減をより太くまたはより細く表示したい場合は，表示倍率を調整する．表示倍率はあくまで画面上の線の太さのことであって，印刷される線の太さには影響しない．

　「線の太さを表示」の設定をオンにするステータスバーのツールボタンは，最初は非表示になっているので，ボタンを表示しておくとよい．

図 2・42　ステータスバーで［線の太さを表示／非表示］のアイコンボタンを表示するメニュー

図 2・43　線の太さの表示を設定する

線の太さ

内　容	操　作　手　順
画面に，太い線を太い線で表示する．	**ステータスバー** の **[線の太さを表示/非表示]** を（SEL）
画面に，太い線を太い線で表示しない（太い線も細い線で表示される）．	再度，**ステータスバー** の **[線の太さを表示/非表示]** を（SEL）
表示倍率を調整する．	**ステータスバー** の **[線の太さを表示/非表示]** を（右） ［線の太さを設定］を（SEL） 表示倍率を調整欄 　スライダ を最大のほうへ移動すると，太い線を太めに表示する． 　スライダ を最小のほうへ移動すると，太い線を細めに表示する． ［OK］を（SEL） 図2・44　表示倍率を調整

TIPS　ファンクションキー

■　ステータスバーのツールの「ON/OFF」の切り替えは，キーボードのファンクションキーでもできる．

　　　　　オブジェクトスナップ　[F3]　　　グリッド表示　[F7]　　　直交モード　[F8]　　　スナップモード　[F9]
　　　　　極トラッキング　[F10]

CHAPTER 3　CADの基本操作

3・1 演習を始める前に

　この章では，一般的に CAD の中でよく使用される作成コマンドと修正コマンドの使用方法を習得する．また，AutoCAD 特有の機能，応用的な操作については，3・5節以降で説明する．

1. 必要のないツールの解除

　ステータスバーの作図補助ツールの設定は「グリッド表示」以外すべてオフの状態で始める（図3・1）．LT2016 では「ダイナミック入力」が初期設定されている．ツールボタンは非表示になっているので，ボタンを表示してオフの状態にする（図3・2）．

図3・1　ステータスバーの作図補助ツールの設定

図3・2　ダイナミック入力のアイコンボタンを表示

2. 座標の知識

　入力画面，すなわち作図領域は座標で管理されている．この作図領域中の点の位置を指定する方法として，

① 絶対座標（図3・3）
② 相対座標（図3・4）
③ 極座標（相対極座標）（図3・5）

がある．

図3・3　絶対座標　　　　　図3・4　相対座標　　　　　図3・5　極座標

絶対座標は，X軸とY軸の交点が原点である．その原点からの水平寸法をX座標値，垂直寸法をY座標値とし，（x, y）の入力形式で表す．原点の絶対座標値は（0, 0）である．

相対座標には，相対XY座標（以後，相対座標と表記する）と相対極座標（以後，極座標と表記する）がある．相対座標では必ず@をつけるが，この@は現在点（直前の入力点）を意味する．相対座標は直前に指定した点（現在点）を基準に，その現在点からの水平寸法をX座標値，垂直寸法をY座標値とする（@ x, y）の形で表す．

極座標は，直前に指定した点（現在点）を基準に，その現在点からの移動量（距離）とX軸のプラス側からの回転角度によって（@ l < θ ）の形で表す．

3．入力画面の準備

LT2016を最初に起動すると，A3サイズの作図領域が設定されている．ただし表示される範囲は，その領域に合っていないためわかりづらい．

本章の演習問題は，A4縦の作図範囲になっている．操作に慣れるまでは，A4縦の作図領域を設定した図面を保存しておき，入力画面の設定方法1でその図面を演習ごとに開いて始める．

作図領域を明確にするためにグリッドの表示範囲を図面範囲の領域に制限しておくとよい（p.021 グリッドの操作手順を参照）．

A4縦の作図領域を設定する．	
内　　容	操　作　手　順
A4縦の作図領域を設定する（図面範囲設定 LIMITS コマンドを使用）．	**コマンドウィンドウ** に　**LI**　と入力 一覧表示された中から　**LIMITS**　を（SEL） 　（左下コーナーを指定：）0, 0　［Enter］ 　（右上コーナーを指定：）210, 297　［Enter］ **ナビゲーションバー** の［**図面全体ズーム**］を（SEL）
ファイルを保存する．	**クイックアクセスツールバー** の［**名前を付けて保存…**］を（SEL） 　（保存先：）保存するフォルダ　を（SEL） 　（ファイル名：）a4_tate　と入力 ［保存］を（SEL）

CHAPTER 3　CADの基本操作

演習図面を保存して閉じる.	
内　　容	操　作　手　順
作成した図面ファイルを保存する.	**クイックアクセスツールバー** の **[名前を付けて保存...]** を（SEL） （保存先：）保存するフォルダ　を（SEL） （ファイル名：）ファイル名　を入力 [保存] を（SEL）
ファイルを閉じる.	**アプリケーションメニュー** の **[閉じる(C)]** を（SEL）

入力画面の設定方法1…新しい演習問題を始める	
内　　容	操　作　手　順
設定済みのファイルを開く	**クイックアクセスツールバー** の **[開く]** を（SEL） （探す場所：）保存されているフォルダ　を（SEL） 一覧から　a4_tate　を選択 [開く] を（SEL）

　作成した図面を印刷する場合，通常使用するプリンタが，あらかじめWindows上で設定されていれば，以下の手順で印刷することができる．ここでは，画面の線の色ではなく，黒1色かつ画層で設定したペンの太さの指定で印刷する場合の操作手順を示している．

　同じ図面を何度も印刷する場合は，ページ設定コマンドでページ設定をしておくとよい．次回から，設定した内容で印刷することができる．このページ設定内容は，別の図面での印刷時にも読み込み使用することができる．

作成した図面を印刷する	
内　　容	操　作　手　順
印刷するためにページ設定をする.	**アプリケーションメニュー** の **[印刷]/ページ設定** を（SEL） 　ページ設定管理の画面が表示される. 図3・6　ページ設定管理 [新規作成] を（SEL） 　（新しいページ設定名：）　PAGE-1　と入力 [OK] を（SEL）

3・1 演習を始める前に

図3・7 ページ設定を新規作成の画面

図3・8 ページ設定−初期画面

プリンタ/プロッタ欄
　（名前：）　使用するプリンタ名　を（SEL）
用紙サイズ欄
　（用紙サイズ：）　A4　を（SEL）
印刷領域欄
　　図面範囲　を（SEL）
印刷尺度欄
　　□用紙にフィット　を（SEL）　　　　　　　　　　　　　　　　　‥‥（✔をとる）
　　（尺度：）　1:1　を（SEL）
印刷オフセット（基準は印刷可能領域）欄
　　□印刷の中心　を（SEL）　　　　　　　　　　　　　　　　　‥‥（✔をつける）
印刷スタイルテーブル（ペンの割り当て）欄
　monochrome.ctb　を（SEL）
印刷オプション欄
　　□印刷スタイルを使って印刷　を（SEL）　　　　　　　　　　　‥‥（✔をつける）
図面の方向欄
　　○縦　を（SEL）　　　　　　　　　　　　　　　　　　　　　　‥‥（●をつける）

CHAPTER 3　CADの基本操作

図3・9　ページ設定画面

[OK]を（SEL）
[現在に設定]を（SEL）
[閉じる]を（SEL）

図面を印刷する．	**クイックアクセスツールバー** の [**印刷**] を（SEL） 　ページ設定欄 　　PAGE-1 を（SEL） [OK]を（SEL）
別の図面を，同じ設定内容で印刷する．	**アプリケーションメニュー** の [**印刷**]/**ページ設定** を（SEL） 　ページ設定欄 [読み込み]を（SEL） 　（探す場所：）印刷設定を持っている図面が保存されているフォルダ を（SEL） 　（ファイル名：）ファイル名 を（SEL） [開く]を（SEL）　　　　　　　　　　　　…．（ページ設定を読み込み画面が表示される） 　ページ設定欄 [名前] PAGE-1 を（SEL） [OK]を（SEL） 　ページ設定欄 　　PAGE-1 を（SEL） [現在に設定]を（SEL） [閉じる（C）]を（SEL） **クイックアクセスツールバー** の [**印刷**] を（SEL） [OK]を（SEL）

TIPS　印刷コマンドをリボンから実行する場合

　[出力]タブ〔印刷〕/印刷 を（SEL）
　[出力]タブ〔印刷〕/ページ設定管理 を（SEL）

参考　本章の演習で用いるコマンドに対応したリボンのアイコンボタン

　本章の演習で用いるコマンドに対応したリボンのアイコンボタンを以下に示す．演習を始める前に，ざっと確認しておくとよい．

作成コマンド

［ホーム］タブの［作成］パネルから選択

［線分］コマンド

［円弧］コマンド

［円］コマンド

［楕円］コマンド

［スプライン］コマンド

［長方形］コマンド

［ポリゴン］コマンド

［ハッチング］コマンド

修正コマンド

［ホーム］タブの［修正］パネルから選択

［移動］コマンド

［複写］コマンド

［ストレッチ］コマンド

［回転］コマンド

［鏡像］コマンド

［尺度変更］コマンド

注釈コマンド

[ホーム] タブの [注釈] パネルから選択

[文字記入] コマンド

[寸法記入] コマンド

[引出線] コマンド

[直列寸法記入] コマンド
[注釈] タブの [寸法記入] パネルから選択

[スライド寸法記入] コマンド
[注釈] タブの [寸法記入] パネルから選択

画層関連コマンド

[ホーム] タブの [画層] パネルから選択

[画層プロパティ管理] コマンド	現在層変更欄

印刷コマンド

[出力] タブの [印刷] パネルから選択

[ページ設定管理] コマンド	[印刷] コマンド

3・2 よく使う作図コマンド

演習3・1 線分の作成

内　　　容	操　作　手　順
入力画面を準備する．	入力画面の設定方法1による．
任意の点11からスタートし，点17で終了する折れ線を作成する（右欄のかっこ内はコマンドウィンドウのメッセージを示す）．	**[ホーム]** タブ **[作成]**/**線分** を（SEL） （1点目を指定：）　画面上の任意の点11　を（SEL） （次の点を指定……：）　任意の点12　を（SEL） （次の点を指定……：）　任意の点13　を（SEL） （次の点を指定……：）　任意の点14　を（SEL） （次の点を指定……：）　任意の点15　を（SEL） （次の点を指定……：）　任意の点16　を（SEL） （次の点を指定……：）　任意の点17　を（SEL） （次の点を指定……：）　（右）**ショートカットメニュー** の **[Enter]** を（SEL） 　　　　　　　　　　　　　　　　　　　　　　……（線分コマンドの終了）
任意の点21からスタートし，点27から点21に閉じる折れ線を作成する．	**[ホーム]** タブ **[作成]**/**線分** を（SEL） （1点目を指定：）　画面上の任意の点21　を（SEL） （次の点を指定……：）　任意の点22　を（SEL） 途中略 （次の点を指定……：）　任意の点27　を（SEL） （次の点を指定……：）　**コマンドウィンドウ** の **[閉じる(C)]** を（SEL）
いったん終了した線分コマンドを終了直後に再度実行し，折れ線を作成する（任意の点31からスタート）．	（コマンド：） （右）**ショートカットメニュー** の **[繰り返し]** を（SEL） （1点目を指定：）　画面上の任意の点31　を（SEL） （次の点を指定……：）　任意の点32　を（SEL） （次の点を指定……：）　任意の点33　を（SEL） 途中略 （次の点を指定……：）　（右）**ショートカットメニュー** の **[Enter]** を（SEL）
直交モードによって水平と垂直の線分を含む折れ線を作成する（任意の点41からスタート）．	**[ホーム]** タブ **[作成]**/**線分** を（SEL） **ステータスバー** の **[カーソルの動きを直交に強制]** を（SEL）し，直交モードにする． （1点目を指定：）　画面上の任意の点41　を（SEL） （次の点を指定……：）　任意の点42　を（SEL） **ステータスバー** の **[カーソルの動きを直交に強制]** を（SEL）し，直交モードを解除． （次の点を指定……：）　任意の点43　を（SEL） （次の点を指定……：）　任意の点44　を（SEL） **ステータスバー** の **[カーソルの動きを直交に強制]** を（SEL）し，直交モードにする． （次の点を指定……：）　任意の点45　を（SEL） （次の点を指定……：）　任意の点46　を（SEL） （次の点を指定……：）　（右）**ショートカットメニュー** の **[Enter]** を（SEL） **ステータスバー** の **[カーソルの動きを直交に強制]** を（SEL）し，直交モードを解除．

3・2 よく使う作図コマンド

閉じた図形

直前コマンドの再実行

直交モード

演習 3・1　線分の作成

L_INE

演習3・2 絶対座標入力

内　　　容	操　作　手　順
入力画面を準備する.	入力画面の設定方法1による.
絶対座標で四角形を作成する. ①	**[ホーム]** タブ **[作成]**/**線分** を（SEL） （1点目を指定：）　50, 55　[Enter] （次の点を指定……：）　90, 55　[Enter] （次の点を指定……：）　90, 80　[Enter] （次の点を指定……：）　50, 80　[Enter] （次の点を指定……：）　**コマンドウィンドウ** の **[閉じる(C)]** を（SEL）
絶対座標で三角形を作成する. ②	**[ホーム]** タブ **[作成]**/**線分** を（SEL） （1点目を指定：）　125, 50　[Enter] （次の点を指定……：）　160, 50　[Enter] （次の点を指定……：）　125, 85　[Enter] （次の点を指定……：）　**コマンドウィンドウ** の **[閉じる(C)]** を（SEL）
絶対座標で図形を作成する. ③ 「閉じる」オプションをショートカットメニューから選択する.	**[ホーム]** タブ **[作成]**/**線分** を（SEL） （1点目を指定：）　100, 230　[Enter] （次の点を指定……：）　100, 130　[Enter] （次の点を指定……：）　130, 130　[Enter] （次の点を指定……：）　130, 230　[Enter] （次の点を指定……：）　**コマンドウィンドウ** の **[閉じる(C)]** を（SEL） （コマンド：） （右）**ショートカットメニュー** の **[繰り返し]** を（SEL） （1点目を指定：）　100, 200　[Enter] （次の点を指定……：）　70, 200　[Enter] （次の点を指定……：）　70, 160　[Enter] （次の点を指定……：）　100, 160　[Enter] （次の点を指定……：）　[Enter] （コマンド：） （右）**ショートカットメニュー** の **[繰り返し]** を（SEL） （1点目を指定：）　50, 180　[Enter] （次の点を指定……：）　150, 180　[Enter] （次の点を指定：） （右）**ショートカットメニュー** の **[Enter]** を（SEL）

TIPS　直接距離入力

- 点を指定するのに，座標値を入力する以外に，直接距離入力という方法も使用できる.
  コマンドを開始して，最初の点を指定したら，カーソルを移動して方向を表し，最初の点からの距離を入力することによって点を指定できる．カーソルの向きで方向が決まるため，直交モードを使用して垂直・水平方向の場合に上手く利用するとよい．もし，水平・垂直方向以外で，直接距離入力を使用する場合は，極トラッキングという機能を使う方法がある．指定した角度の増分値でカーソルの動きを固定することができる．
  極トラッキングでカーソルの動きを30°で設定する例を以下に示す．
  ステータスバー の **[カーソルの動きを指定した角度に強制]**
  アイコン右側の ▼ を（SEL）
  　30, 60, 90, 120　を（SEL）

3・2 よく使う作図コマンド

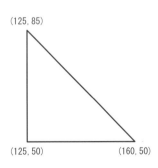

演習3・2 絶対座標入力

ZAHYOU1

045

演習3・3 相対座標入力

内　　容	操　作　手　順
入力画面を準備する．	入力画面の設定方法1による．
相対座標で四角形を作成する．①	[ホーム]タブ [作成]/線分 を（SEL） （1点目を指定：）　任意の点A　を（SEL） （次の点を指定……：）　@36, 0　[Enter] （次の点を指定……：）　@0, 28　[Enter] （次の点を指定……：）　@－36, 0　[Enter] （次の点を指定……：）　**コマンドウィンドウ** の **[閉じる(C)]** を（SEL）
相対座標で三角形を作成する．②	[ホーム]タブ [作成]/線分 を（SEL） （1点目を指定：）　任意の点B　を（SEL） （次の点を指定……：）　@24, 0　[Enter] （次の点を指定……：）　@－24, 32　[Enter] （次の点を指定……：）　**コマンドウィンドウ** の **[閉じる(C)]** を（SEL）
直接距離入力で一筆書き．③	**ステータスバー** の **[カーソルの動きを直交に強制]** を（SEL）し，直交モードにする． [ホーム]タブ [作成]/線分 を（SEL） （1点目を指定：）　任意の点C　を（SEL） （次の点を指定：）　カーソルを点Cの右側に移動し，40　[Enter] （次の点を指定：）　カーソルを上側に移動し，40　[Enter] （次の点を指定：）　カーソルを左側に移動し，40　[Enter] （次の点を指定：）　カーソルを下側に移動し，30　[Enter] （次の点を指定：）　カーソルを右側に移動し，30　[Enter] （次の点を指定：）　カーソルを上側に移動し，20　[Enter] （次の点を指定：）　カーソルを左側に移動し，20　[Enter] （次の点を指定：）　カーソルを下側に移動し，10　[Enter] （次の点を指定：）　（右）**ショートカットメニュー** の **[Enter]** を（SEL）
極座標で三角形を作成する．④	[ホーム]タブ [作成]/線分 を（SEL） （1点目を指定：）　任意の点D　を（SEL） （次の点を指定……：）　@40<0　[Enter] （次の点を指定……：）　@40<120　[Enter] （次の点を指定……：）　**コマンドウィンドウ** の **[閉じる(C)]** を（SEL）
極座標で図形を作成する．⑤	[ホーム]タブ [作成]/線分 を（SEL） （1点目を指定：）　任意の点E　を（SEL） （次の点を指定……：）　@50<90　[Enter] （次の点を指定……：）　@50<－45　[Enter] （次の点を指定……：）　@20<0　[Enter] （次の点を指定……：）　@50<45　[Enter] （次の点を指定……：）　@50<270　[Enter] （次の点を指定……：）　**コマンドウィンドウ** の **[閉じる(C)]** を（SEL）

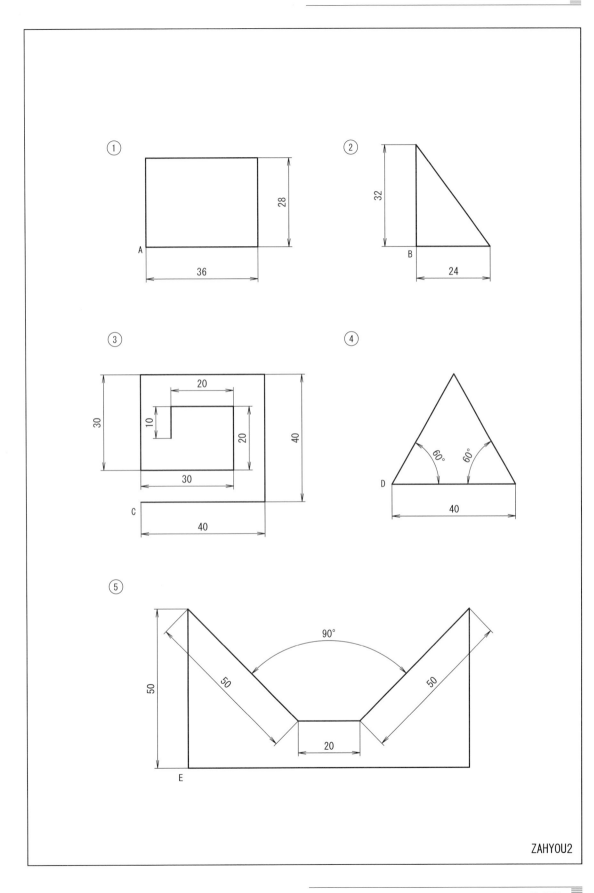

演習 3・4　円，円弧，楕円の作成

内　　容	操　作　手　順
入力画面を準備する．	入力画面の設定方法 1 による．
任意の位置に任意の半径の円を作成する．①	[ホーム] タブ [作成]/円/中心, 半径　を（SEL） （円の中心点を指定……：）　画面上の任意の点 A　を（SEL） （円の半径を指定……：）　画面上の任意の点 B　を（SEL）
任意の 3 点を通る円を作成する．②	[ホーム] タブ [作成]/円/3点　を（SEL） （円周上の 1 点目を指定：）　画面上の任意の点 A　を（SEL） （円周上の 2 点目を指定：）　画面上の任意の点 B　を（SEL） （円周上の 3 点目を指定：）　画面上の任意の点 C　を（SEL）
線分 A と線分 B に接する半径 15 mm の円を作成する．③	[ホーム] タブ [作成]/線分　を（SEL） 線分 A を作成する． 以下略 [ホーム] タブ [作成]/円/接点, 接点, 半径　を（SEL） （円の第 1 の接線に対するオブジェクト上の点を指定：）　線分 A　を（SEL） （円の第 2 の接線に対するオブジェクト上の点を指定：）　線分 B　を（SEL） （円の半径を指定：）　15　[Enter]
任意の三角形 ABC を作成し，これに内接する円を作成する．④	[ホーム] タブ [作成]/線分　を（SEL） 以下略 [ホーム] タブ [作成]/円/接点, 接点, 接点　を（SEL） （円周上の 1 点目を指定：）　線分 AB 上の任意の点 D　を（SEL） （円周上の 2 点目を指定：）　線分 BC 上の任意の点 E　を（SEL） （円周上の 3 点目を指定：）　線分 AC 上の任意の点 F　を（SEL）
任意の始点，中心，終点の位置で円弧を作成する．⑤	[ホーム] タブ [作成]/円弧/始点, 中心, 終点　を（SEL） （円弧の始点を指定……：）　任意の点 A　を（SEL） （円弧の中心点を指定：）　任意の点 B　を（SEL） （円弧の終点を指定……：）　任意の点 C　を（SEL）
任意の始点，中心で，開き角度が 30 度の円弧を作成する．⑥	[ホーム]タブ [作成] /円弧/始点, 中心, 角度　を（SEL） （円弧の始点を指定……：）　任意の点 A　を（SEL） （円弧の中心点を指定：）　任意の点 B　を（SEL） （中心角を指定：）　30　[Enter]
任意の始点，通過点，終点の 3 点を通る円弧を作成する．⑦	[ホーム] タブ [作成]/円弧/3点　を（SEL） （円弧の始点を指定……：）　任意の点 A　を（SEL） （円弧の 2 点目を指定……：）　任意の点 B　を（SEL） （円弧の終点を指定……：）　任意の点 C　を（SEL）
任意の点 A, B を長軸の両端点とし，任意の点 C をもう一方の軸の端点とする楕円を作成する．⑧	[ホーム] タブ [作成]/楕円/軸, 端点　を（SEL） （楕円の軸の 1 点目を指定……：）　任意の点 A　を（SEL） （軸の 2 点目を指定……：）　任意の点 B　を（SEL） （もう一方の軸の距離を指定……：）　任意の点 C　を（SEL）
任意の点 D を中心とし，任意の点 E, F をそれぞれの軸の端点とする楕円を作成する．⑨	[ホーム] タブ [作成]/楕円/中心記入　を（SEL） （楕円の中心を指定：）　任意の点 D　を（SEL） （軸の端点を指定：）　任意の点 E　を（SEL） （もう一方の軸の距離を指定……：）　任意の点 F　を（SEL）

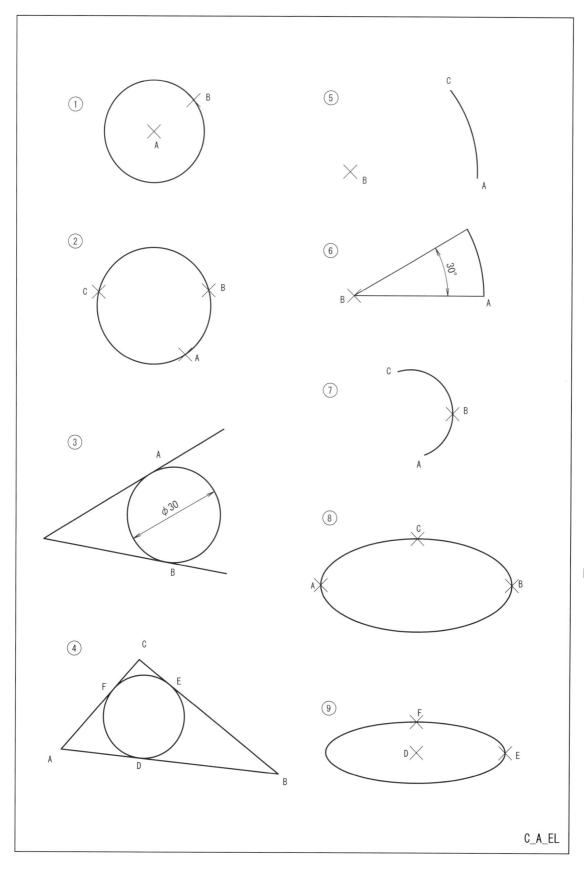

CHAPTER 3 CADの基本操作

演習3・5 一時オブジェクトスナップ（一時Oスナップ）

　本書の操作手順に出てくる「端点AをOスナップ」は、「[Shift]＋（右）」で表示されるショートカットメニューの[端点]を選択してから、「カーソルを近づけると表れる点Aのマーカーを選択する」といった一連の操作を意味している（p.026参照）。

内　　　容	操　作　手　順
入力画面を準備する．	入力画面の設定方法1による．
任意の大きさの長方形の中に5本の線分 AE, EB, DF, FC, GH を作成する．①	まず，任意の大きさの長方形 ABCD を作成する． [ホーム]タブ [作成]/線分 を（SEL） （1点目を指定：）　画面左上の任意の点A を（SEL） 以下略 まず，折れ線 AEB と折れ線 DFC を作成する． [ホーム]タブ [作成]/線分 を（SEL） （1点目を指定：）　端点A をOスナップ （次の点を指定……：）　線分 DC の中点E をOスナップ （次の点を指定……：）　端点（または交点）B をOスナップ （次の点を指定……：）　（右）ショートカットメニュー の [Enter] を（SEL） （右）ショートカットメニュー の [繰り返し] を（SEL） （1点目を指定：）　端点D をOスナップ （次の点を指定……：）　線分 AB の中点F をOスナップ 以下略 線分 GH を作成する． [ホーム]タブ [作成]/線分 を（SEL） （1点目を指定：）　交点G をOスナップ （次の点を指定……：）　交点H をOスナップ （次の点を指定……：）　（右）ショートカットメニュー の [Enter] を（SEL）
任意の半径の円を作成し，次いで，これに内接する正四角形 ABCD を作成する．②	[ホーム]タブ [作成]/円/中心,半径 を（SEL） 以下略 [ホーム]タブ [作成]/線分 を（SEL） （1点目を指定：）　四半円点A をOスナップ （次の点を指定……：）　四半円点B をOスナップ （次の点を指定……：）　四半円点C をOスナップ （次の点を指定……：）　四半円点D をOスナップ （次の点を指定……：）　コマンドウィンドウ の [閉じる(C)] を（SEL）
任意の半径の2個の円を作成し，その間に4本の接線を作成する．③	[ホーム]タブ [作成]/円/中心,半径 を（SEL） 以下略 [ホーム]タブ [作成]/線分 を（SEL） （1点目を指定：）　左の円の円周上の任意の点A をOスナップ（接線） （次の点を指定……：）　右の円の円周上の任意の点B をOスナップ（接線） （次の点を指定……：）　（右）ショートカットメニュー の [Enter] を（SEL） （右）ショートカットメニュー の [繰り返し] を（SEL） （1点目を指定：）　左の円の円周上の任意の点C をOスナップ（接線） （次の点を指定……：）　右の円の円周上の任意の点D をOスナップ（接線） 以下，同様にしてほかの2接線を作成する．
2個の円の中心の中点Fと線分 AB の中点Gを結ぶ線分を作成する．③	[ホーム]タブ [作成]/線分 を（SEL） （1点目を指定：） [Shift]＋（右）ショートカットメニュー の [2点間の中点] を（SEL） （中点の1点目：）　左の円の中心 をOスナップ （中点の2点目：）　右の円の中心 をOスナップ （次の点を指定……：）　線分 AB の中点 をOスナップ （次の点を指定……：）　（右）ショートカットメニュー の [Enter] を（SEL）
任意の半径の円の内側に，任意の半径の同心円を2個作成する．④	任意の大きさの円を1個作成する． [ホーム]タブ [作成]/円/中心,半径 を（SEL） 以下略 [ホーム]タブ [作成]/円/中心,半径 を（SEL） （円の中心点を指定……：）　円の中心A をOスナップ （円の半径を指定……：）　円の内側の任意の点 を（SEL） 同様にして，さらに内側に同心円を作成する．

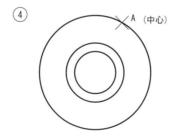

演習 3・6 定常オブジェクトスナップ（定常 O スナップ）

　定常 O スナップは 1 回 1 回指定する一時 O スナップより非常に便利である．設定中はカーソルがオブジェクト上に吸着しようと働く．必要がないときは，オブジェクト上にカーソルが吸着しないように，解除しておいたほうがよい．初期設定されている O スナップも必要がなければ解除しておく．

内　　容	操　作　手　順
入力画面を準備する．	入力画面の設定方法 1 による．
一辺が 50 mm の正方形を作成する．	**[ホーム] タブ [作成]/線分** を（SEL） （1 点目を指定：）　画面中央上の任意の点 A　を（SEL） 以下略　　　　　　　　　　　　　　　　……（演習 3・3 "相対座標入力" を参照）
定常 O スナップを中点に設定する．	**ステータスバー** の **[カーソルを 2D 参照点にスナップ]** 右側にある ▼ を（SEL） **[オブジェクトスナップ設定…]** を（SEL） □オブジェクトスナップオン　を（SEL）　　　　　　　　　　　……（✔ をつける） オブジェクトスナップモード欄 **[すべてクリア]** を（SEL） □中点　を（SEL）　　　　　　　　　　　　　　　　　　　　　……（✔ をつける） **[OK]** を（SEL）
正方形を形成する辺の中点と中点を結ぶ線分を作成する．	**[ホーム] タブ [作成]/線分** を（SEL） （1 点目を指定：）　正方形の辺 AB 上の任意の点　を（SEL） （次の点を指定……：）　正方形の辺 BC 上の任意の点　を（SEL） （次の点を指定……：）　正方形の辺 CD 上の任意の点　を（SEL） （次の点を指定……：）　正方形の辺 DA 上の任意の点　を（SEL） （次の点を指定……：）　（右）**ショートカットメニュー** の **[閉じる]** を（SEL）
いま作成した正方形の内側にも中点と中点を結ぶ線分を作成する．①	**[ホーム] タブ [作成]/線分** を（SEL） 以下略
定常 O スナップを垂線と交点に設定する．	**ステータスバー** の **[カーソルを 2D 参照点にスナップ]** 右側にある ▼ を（SEL） **[垂線]** および **[交点]** を（SEL）　　……（垂線と交点にのみ ✔ をつける）
画面中央に 60 mm × 40 mm の長方形を作成する．	**[ホーム] タブ [作成]/線分** を（SEL） 以下略　　　　　　　　　　　　　　　　……（演習 3・3 "相対座標入力" を参照）
対角線 EG を作成する．	**[ホーム] タブ [作成]/線分** を（SEL） （1 点目を指定：）　長方形左下の交点 E　を（SEL） （次の点を指定……：）　長方形右上の交点 G　を（SEL） （次の点を指定……：）　（右）**ショートカットメニュー** の **[Enter]** を（SEL）
垂線を作成する．②	**[ホーム] タブ [作成]/線分** を（SEL） （1 点目を指定：）　長方形左上の交点 H　を（SEL） （次の点を指定……：）　対角線上の任意の点　を（SEL） （次の点を指定……：）　線分 HG 上の任意の点　を（SEL） （次の点を指定……：）　対角線上の任意の点　を（SEL） 以下略
定常 O スナップを中心に設定する．	**ステータスバー** の **[カーソルを 2D 参照点にスナップ]** 右側にある ▼ を（SEL） **[中心]** を（SEL）　　　　　　　　　　　　……（中心にのみ ✔ をつける）
3 個の小さい円 J，K，L を作成する．	**[ホーム] タブ [作成]/円/中心, 半径** を（SEL） 以下略　　　　　　　　　　……（演習 3・4 "円, 円弧, 楕円の作成" を参照）
円 J，K，L の中心を通る大きい円を作成する．③	**[ホーム] タブ [作成]/円/3 点** を（SEL） （円周上の 1 点目を指定：）　円 J　を（SEL） （円周上の 2 点目を指定：）　円 K　を（SEL） （円周上の 3 点目を指定：）　円 L　を（SEL）
定常 O スナップを解除しておく．	**ステータスバー** の **[カーソルを 2D 参照点にスナップ]** を（SEL） 　　　　　　　　　　　　　　　　　　　　　　……（設定をオフにする）

3・2 よく使う作図コマンド

①

②

③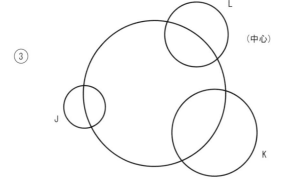

演習3・6 定常オブジェクトスナップ（定常Oスナップ）

DD_OSNAP

演習3・7　スナップモード

スナップ機能を用いると，グリッドごとにカーソルの動きを制約することができる．等角投影図を作図する場合は，スナップ，グリッドを等角図方向（30度，90度，150度）に配列する等角スナップに設定する．グリッドはズーム操作をすることで表示密度がコントロールされるよう設定されているが，等角図を作図する場合，拡大／縮小ズームをしても指定したグリッド間隔で表示されるよう，設定を変更したほうがよい．

内　　容	操　作　手　順
入力画面を準備する．	入力画面の設定方法1による．
スナップの準備をする．	ステータスバー の [作図グリッドを表示] を（右） ［グリッドの設定…］を（SEL） 　□スナップオン を（SEL）　　　　　　　　　　　　　　　　　　　…（✔をつける） 　スナップ間隔欄 　（スナップX間隔：）　5　と入力 　（スナップY間隔：）　5　と入力
グリッドの準備をする．	□グリッドオン を（SEL）　　　　　　　　　　　　　　　　　　　…（✔をつける） グリッド間隔欄 （グリッドX間隔：）　10　と入力 （グリッドY間隔：）　10　と入力
等角図をオフにする．	スナップのタイプ欄 　○グリッドスナップ を（SEL）　　　　　　　　　　　　　　　　…（●をつける） 　○矩形状スナップ を（SEL）　　　　　　　　　　　　　　　　　…（●をつける） 　[OK] を（SEL）
線分コマンドで図形①を作成する．	[ホーム] タブ [作成]／線分 を（SEL） （1点目を指定：）　画面上部の任意のグリッドA を（SEL） （次の点を指定……：）　点Aの50 mm右側のグリッドB を（SEL） 以下略
線分コマンドで図形②を作成する．	[ホーム] タブ [作成]／線分 を（SEL） （1点目を指定：）　点Aに対応する任意のグリッド を（SEL） 以下略
等角図作成の準備をする．	ステータスバー の [作図グリッドを表示] を（右） ［グリッドの設定…］を（SEL） 　スナップのタイプ欄 　○アイソメスナップ を（SEL）　　　　　　　　　　　　　　　　…（●をつける）
グリッドの表示される間隔をズーム操作で変更されないようにする．	グリッドの動作欄 　□アダプティブグリッド を（SEL）　　　　　　　　　　　　　　　…（✔をとる）
グリッドの間隔を変更する．	グリッド間隔欄 （グリッドY間隔：）　5　と入力 その他は上記で設定したままで変更しない． [OK] を（SEL）
等角図③を作成する．	[ホーム] タブ [作成]／線分 を（SEL） （1点目を指定：）　任意のグリッド を（SEL） 以下略 [F5] キーでアイソメ平面左面，アイソメ平面上面，アイソメ平面右面と切り替えて作図する．
等角図④を作成する．	[ホーム] タブ [作成]／線分 を（SEL） 以下略 [ホーム] タブ [作成]／楕円／軸, 端点 を（SEL） 　[F5] キーでアイソメ平面右面にする． 　（楕円の軸の1点目を指定：）　コマンドウィンドウ の [等角円(I)] を（SEL） 　（等角円の中心を指定：）　線分ABの中点 を（SEL） 　（等角円の半径を指定：）　線分ACの中点 を（SEL） 　（右）ショートカットメニュー の [繰り返し] を（SEL） 　[F5] キーでアイソメ平面左面にする． 以下略
スナップ，グリッド，等角図を解除する．	ステータスバー の [作図グリッドを表示] を（右） ［グリッドの設定…］を（SEL） 　□スナップオン を（SEL）　　　　　　　　　　　　　　　　　　　…（✔をとる） 　スナップのタイプ欄 　○矩形状スナップ を（SEL）　　　　　　　　　　　　　　　　　…（●をつける） 　[OK] を（SEL）

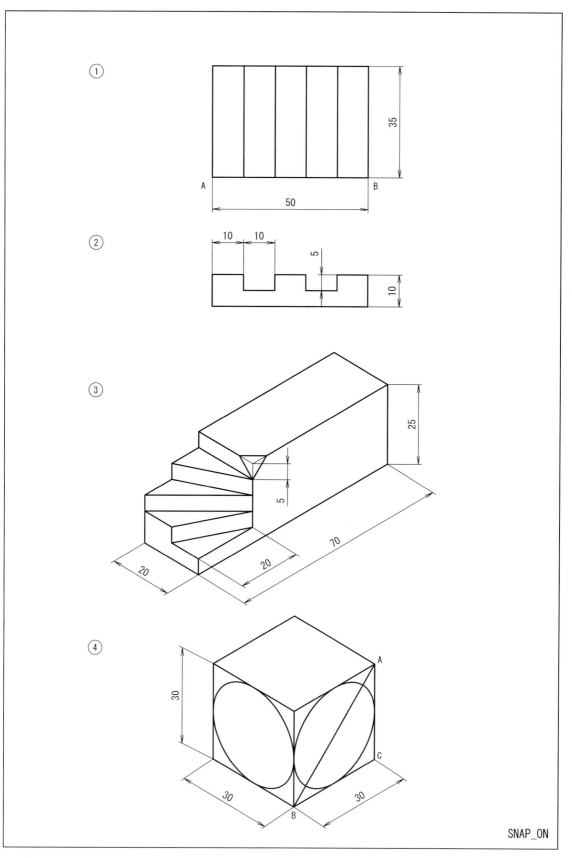

演習 3・8　スプライン曲線の作成

スプライン曲線は指定した点を通る滑らかな曲線で，機械製図の破断線でよく使用する．

内　　容	操　作　手　順
入力画面を準備する．	入力画面の設定方法 1 による．
任意の点 11 からスタートし，点 18 で終了する曲線を作成する．①	[ホーム] タブ [作成]/スプラインフィット　を（SEL） （1 点目を指定……：）　画面上の任意の点 11　を（SEL） （次の点を入力：）　任意の点 12　を（SEL） （次の点を入力……：）　任意の点 13　を（SEL） （次の点を入力……：）　任意の点 14　を（SEL） （次の点を入力……：）　任意の点 15　を（SEL） （次の点を入力……：）　任意の点 16　を（SEL） （次の点を入力……：）　任意の点 17　を（SEL） （次の点を入力……：）　任意の点 18　を（SEL） （次の点を入力……：）　（右）ショートカットメニュー の [Enter] を（SEL）
任意の点 21 からスタートし，点 21 で閉じる曲線を作成する．②	[ホーム] タブ [作成]/スプラインフィット　を（SEL） （1 点目を指定……：）　画面上の任意の点 21　を（SEL） （次の点を入力：）　任意の点 22　を（SEL） （次の点を入力……：）　任意の点 23　を（SEL） （次の点を入力……：）　任意の点 24　を（SEL） （次の点を入力……：）　任意の点 25　を（SEL） （次の点を入力……：）　任意の点 26　を（SEL） （次の点を入力……：）　コマンドウィンドウ の [閉じる(C)] を（SEL）
点 31 と点 35 を通る任意の線分を作成する．	[ホーム] タブ [作成]/線分　を（SEL） （1 点目を指定：）　画面上の任意の点 31　を（SEL） （次の点を指定……：）　@ －60, 0　[Enter] （右）ショートカットメニュー の [Enter] を（SEL） （右）ショートカットメニュー の [繰り返し] を（SEL） （1 点目を指定：）　画面上の任意の点 35　を（SEL） （次の点を指定……：）　@ －60, 0　[Enter] （右）ショートカットメニュー の [Enter] を（SEL）
破断線を作成する．③	[ホーム] タブ [作成]/スプラインフィット　を（SEL） （1 点目を指定……：）　端点 31　を O スナップ （次の点を指定：）　任意の点 32　を（SEL） （次の点を指定……：）　任意の点 33　を（SEL） （次の点を指定……：）　任意の点 34　を（SEL） （次の点を指定……：）　端点 35　を O スナップ （次の点を指定……：）　（右）ショートカットメニュー の [Enter] を（SEL）

①

②

③

SP_LINE

演習 3・9　ポリゴンと長方形の作成

ポリラインとは連続した線分，円弧の集まりをひとつにまとめたオブジェクトタイプのことである．ポリゴン（正多角形）も長方形も，ひとつのまとまったポリラインオブジェクトとして扱われる．

内　　　容	操　作　手　順
入力画面を準備する．	入力画面の設定方法 1 による．
直径 60 mm の円を作成する．	**［ホーム］** タブ **［作成］/円/中心，半径** を（SEL） 　（円の中心点を指定……：）　画面左上の任意の点　を（SEL） 　（円の半径を指定……：）　30　［Enter］
円に外接する正五角形を作成する．①	**［ホーム］** タブ **［作成］/ポリゴン** を（SEL） 　（エッジの数を入力：）　5　［Enter］ 　（ポリゴンの中心を指定……：）　円の中心　をOスナップ 　（オプションを入力［内接(I)/外接(C)］：）　**コマンドウィンドウ** の **［外接(C)］** を（SEL） 　（円の半径を指定：）　円の下側の四半円点　をOスナップ
一辺の長さが 50 mm の正三角形を作成する．②	**［ホーム］** タブ **［作成］/ポリゴン** を（SEL） 　（エッジの数を入力：）　3　［Enter］ 　（ポリゴンの中心を指定……：）　**コマンドウィンドウ** の **［エッジ(E)］** を（SEL） 　（エッジの1点目を指定：）　任意の点　を（SEL） 　（エッジの2点目を指定：）　@50, 0　［Enter］
長方形を作成する．③	**［ホーム］** タブ **［作成］/長方形** を（SEL） 　（一方のコーナーを指定……：）　任意の点　を（SEL） 　（もう一方のコーナーを指定：）　@65, 35　［Enter］
長方形を作成する．④	**［ホーム］** タブ **［作成］/長方形** を（SEL） 　（一方のコーナーを指定：）　任意の点 A　を（SEL） 　（もう一方のコーナーを指定：）　**コマンドウィンドウ** の **［サイズ(D)］** を（SEL） 　（長方形の長さを指定：）　60　［Enter］ 　（長方形の幅を指定：）　25　［Enter］ 　（もう一方のコーナーを指定：）　任意の点 A より右上方向任意の点　を（SEL）
直径 20 mm の円を作成する．⑤	**［ホーム］** タブ **［作成］/円/中心，半径** を（SEL） 　（円の中心点を指定……：）　画面上の任意の点　を（SEL） 　（円の半径を指定……：）　10　［Enter］
円に外接する正三角形を作成する．	**［ホーム］** タブ **［作成］/ポリゴン** を（SEL） 　（エッジの数を入力：）　3　［Enter］ 　（ポリゴンの中心を指定……：）　円の中心　をOスナップ 　（オプションを入力［内接(I)/外接(C)］：）　**コマンドウィンドウ** の **［外接(C)］** を（SEL） 　（円の半径を指定：）　円の下側の四半円点　をOスナップ
正三角形に外接する円を作成する．	**［ホーム］** タブ **［作成］/円/3点** を（SEL） 　（円周上の1点目を指定：）　正三角形の頂点　をOスナップ（端点） 　（円周上の2点目を指定：）　正三角形の次の頂点　をOスナップ（端点） 　（円周上の3点目を指定：）　正三角形の次の頂点　をOスナップ（端点）
円に外接する正方形を作成する．	**［ホーム］** タブ **［作成］/ポリゴン** を（SEL） 　（エッジの数を入力：）　4　［Enter］ 　（ポリゴンの中心を指定……：）　円の中心　をOスナップ 　（オプションを入力［内接(I)/外接(C)］：）　**コマンドウィンドウ** の **［外接(C)］** を（SEL） 　（円の半径を指定：）　円の任意の四半円点　をOスナップ
正方形に外接する円を作成する．	**［ホーム］** タブ **［作成］/円/3点** を（SEL） 　（円周上の1点目を指定：）　正方形の頂点　をOスナップ（端点） 　（円周上の2点目を指定：）　正方形の次の頂点　をOスナップ（端点） 　（円周上の3点目を指定：）　正方形の次の頂点　をOスナップ（端点）
円に外接する正五角形を作成する．	**［ホーム］** タブ **［作成］/ポリゴン** を（SEL） 　（エッジの数を入力：）　5　［Enter］ 　（ポリゴンの中心を指定……：）　円の中心　をOスナップ 　（オプションを入力［内接(I)/外接(C)］：）　**コマンドウィンドウ** の **［外接(C)］** を（SEL） 　（円の半径を指定：）　円の下側の四半円点　をOスナップ

TIPS　Oスナップ「図心」

■ AutoCAD 2016/AutoCAD LT2016 では，「図心」という新しいオブジェクトスナップが追加された．Oスナップ「図心」を使用すると，ポリゴンや長方形，閉じたポリラインの図心位置を指定することができる．

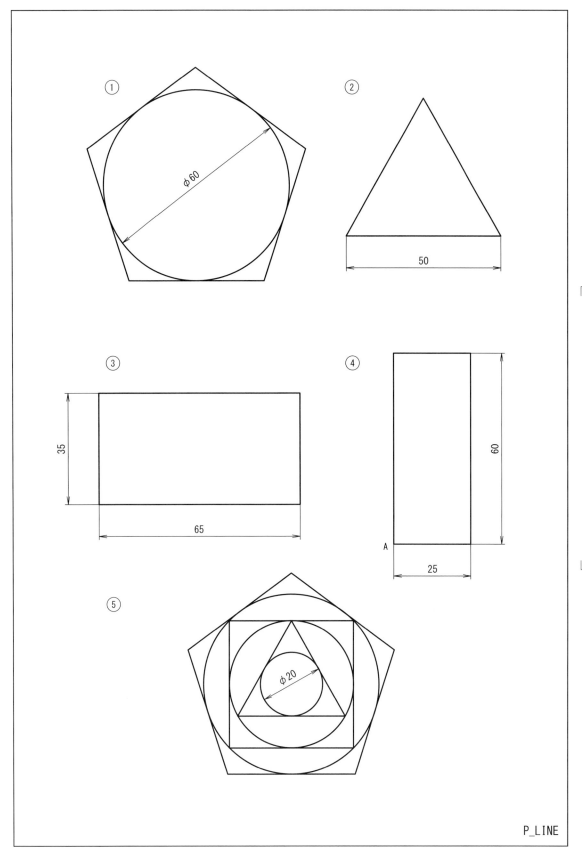

演習 3・10 文字記入と編集

文字を記入するコマンドには，文字記入コマンドとマルチテキストコマンドがあるが，1 行の文字列を図形と同じように移動や複写などの修正ができる文字記入コマンドがよく使用される．

内　　容	操　作　手　順
入力画面を準備する．	入力画面の設定方法 1 による．
文字列 "12345" を入力する．①	**[ホーム]** タブ **[注釈]**/**文字** を（SEL） （文字列の始点を指定……：）　画面上の任意の点 A　を（SEL） （高さを指定：）　10　[Enter] （文字列の角度を指定：）　0　[Enter] 12345　[Enter] [Enter]
長方形とその対角線を作成する．	**[ホーム]** タブ **[作成]**/**長方形** を（SEL） （一方のコーナーを指定……：）　任意の点 B　を（SEL） （もう一方のコーナーを指定：）　@100, 20　[Enter] **[ホーム]** タブ **[作成]**/**線分** を（SEL） （1 点目を指定：）　長方形の頂点 B　を O スナップ（端点） （次の点を指定……：）　対角線方向の頂点　を O スナップ（端点） （次の点を指定……：）　（右）**ショートカットメニュー** の **[Enter]** を（SEL）
長方形の真ん中に文字列を入力する．②	**[ホーム]** タブ **[注釈]**/**文字** を（SEL） （文字列の始点を指定……：） **コマンドウィンドウ** の **[位置合わせオプション(J)]** を（SEL） **コマンドウィンドウ** の **[中央(M)]** を（SEL） （文字列の中央点を指定：）　対角線中点　を O スナップ （高さを指定：）　10　[Enter] （文字列の角度を指定：）　0　[Enter] ABCDEFG　[Enter] [Enter]
線分 CD を作成する．	**[ホーム]** タブ **[作成]**/**線分** を（SEL） 　以下略
線分の中央に文字列を入力する．③	**[ホーム]** タブ **[注釈]**/**文字** を（SEL） （文字列の始点を指定……：） **コマンドウィンドウ** の **[位置合わせオプション(J)]** を（SEL） **コマンドウィンドウ** の **[中心(C)]** を（SEL） （文字列の中心点を指定：）　線分の中点　を O スナップ （高さを指定：）　10　[Enter] （文字列の角度を指定：）　0　[Enter] ABCDEFG　[Enter] [Enter]
右詰めで文字列を入力する．④	**[ホーム]** タブ **[注釈]**/**文字** を（SEL） （文字列の始点を指定……：） **コマンドウィンドウ** の **[位置合わせオプション(J)]** を（SEL） **コマンドウィンドウ** の **[右寄せ(R)]** を（SEL） （文字列の基準線の右端点を指定：）　任意の点 E　を（SEL） （高さを指定：）　10　[Enter] （文字列の角度を指定：）　0　[Enter]

① 12345
  A

② ABCDEFG
  B 100 20

③ ABCDEFG
  C   D

④ 15000 E
  Ø50
  ±0.01
  25
  5000
  450

T_EXT

	15000　[Enter] %%C50　[Enter] %%P0.01　[Enter] 25　[Enter] 5000　[Enter] 450　[Enter] [Enter]
文字列を斜体にする．⑤	文字列 "12345" を（SEL） （右）**ショートカットメニュー** の **[オブジェクトプロパティ管理]** を（SEL） プロパティパレットに選択した文字列の情報が表示される． 　（傾斜角度）　30　[Enter] 　パレットの外側にカーソルを移動 　[Esc]
文字列の幅を狭くする．⑥	文字列 "ABCDEFG" を（SEL） 　（幅係数）　0.7　[Enter] 　パレットの外側にカーソルを移動 　[Esc]
文字列の向きを変更する．⑦	文字列 "ABCDEFG" を（SEL） 　（回転角度）　15　[Enter] 　❌ を（SEL）　　　　　　　　　　…（プロパティパレットを閉じる） 　[Esc]
文字列の内容を変更する．⑧	**修正する文字列をダブルクリック** 文字列を修正する 　[Enter] 　（右）**ショートカットメニュー** の **[繰り返し]** を（SEL） 　（注釈オブジェクトを選択：）　修正する文字列　を（SEL） 以下略

TIPS　特殊記号入力

■　次の3つの記号は特殊な方法で入力する．

　　　直径（φ）　%%C
　　　角度（°）　%%D
　　　寸法公差（±）　%%P

■　550にアンダーラインをつけるには，%%U550%%U　と入力する．

TIPS　文字列の修正

■　**オブジェクトプロパティ管理**コマンドでは，プロパティパレットで文字列の位置の変更，大きさ，向き，文字幅の調整，傾斜角度，文字列の内容などを変更することができる．文字記入コマンドで入力した文字列は，1行単位で1つのオブジェクトとして扱うことができる．他のオブジェクト同様，移動，複写，回転，尺度変更などができる．

⑤ *12345*

⑥ ABCDEFG

⑦ ABCDEFG

⑧
14000
Ø50
±0.01
26
5000
480

TE_DIT

CHAPTER 3　CADの基本操作

⇄　演習3・11　寸　法　記　入

　　ここでは，寸法線が太くなってしまうが，あらかじめ画層管理コマンドで寸法図形の画層を設定すれば問題はない（p.075参照）．

内　　　　容	操　作　手　順
入力画面を準備する．	入力画面の設定方法1による．
寸法を記入する図形（①②③④）を作成する．	省略
水平寸法を記入する．①	[ホーム]タブ[注釈]/長さ寸法記入　を（SEL） （1本目の寸法補助線の起点を指定……：）　端点A　をOスナップ （2本目の寸法補助線の起点を指定：）　端点B　をOスナップ （寸法線の位置を指定……：）　寸法を記入する位置　を（SEL）
垂直寸法を記入する（オブジェクトを直接選択する方法）．	（右）ショートカットメニュー　の[繰り返し]を（SEL） （1本目の寸法補助線の起点を指定……：）　（右） （寸法記入するオブジェクトを選択：）　線分AD　を（SEL） （寸法線の位置を指定……：）　寸法を記入する位置　を（SEL）
平行寸法を記入する．	[ホーム]タブ[注釈]/平行寸法記入　を（SEL） （1本目の寸法補助線の起点を指定……：）　端点C　をOスナップ （2本目の寸法補助線の起点を指定：）　端点D　をOスナップ （寸法線の位置を指定……：）　寸法を記入する位置　を（SEL）
角度寸法を記入する．	[ホーム]タブ[注釈]/角度寸法記入　を（SEL） （円弧，円，線分を選択……：）　線分AB　を（SEL） （2本目の線分を選択：）　線分AD　を（SEL） （円弧寸法線の位置を指定……：）　寸法を記入する位置　を（SEL） （右）ショートカットメニュー　の[繰り返し]を（SEL） （円弧，円，線分を選択……：）　線分AD　を（SEL） （2本目の線分を選択：）　線分DC　を（SEL） （円弧寸法線の位置を指定……：）　寸法を記入する位置　を（SEL）
直径寸法を記入する．②	[ホーム]タブ[注釈]/直径寸法記入　を（SEL） （円弧または円を選択：）　円周上の任意の点　を（SEL） （寸法線の位置を指定……：）　寸法を記入する位置　を（SEL）　……（円の外側）
半径寸法を記入する．③	[ホーム]タブ[注釈]/半径寸法記入　を（SEL） （円弧または円を選択：）　円弧上の任意の点　を（SEL） （寸法線の位置を指定……：）　寸法を記入する位置　を（SEL）　……（円の内側）
直列寸法を記入する．④	[ホーム]タブ[注釈]/長さ寸法記入　を（SEL） （1本目の寸法補助線の起点を指定……：）　端点G　をOスナップ （2本目の寸法補助線の起点を指定：）　端点H　をOスナップ （寸法線の位置を指定……：）　寸法を記入する位置　を（SEL） [注釈]タブ[寸法記入]/直列寸法記入　を（SEL） （2本目の寸法補助線の起点を指定……：）　端点I　をOスナップ （2本目の寸法補助線の起点を指定……：）　端点J　をOスナップ （2本目の寸法補助線の起点を指定……：） （右）ショートカットメニュー　の[Enter]を（SEL） （直列記入の寸法オブジェクトを選択：）　（右） 　　　　　　　……（垂直寸法は作図のためのみゆえ記入しなくてもよい）
φ付き寸法などを記入する図形を作成する．⑤	[ホーム]タブ[作成]/長方形　を（SEL） （一方のコーナーを指定……：）　画面上の任意の点K　を（SEL） （もう一方のコーナーを指定：）　@88, 55　[Enter] [ホーム]タブ[作成]/線分　を（SEL） （1点目を指定：）　点K　をOスナップ（端点） （次の点を指定……：）　@5, 5　[Enter] （次の点を指定……：）　@25<15　[Enter] （次の点を指定……：）　@55<40　[Enter]

3・2 よく使う作図コマンド

練習 3・11 寸法記入

D_IM1

	（次の点を指定……：）　@25<195　[Enter] （次の点を指定……：）　端点 O　を O スナップ （次の点を指定……：）　（右）ショートカットメニュー の [Enter] を（SEL）
φ55 の垂直寸法を記入する．⑤	[ホーム] タブ [注釈]/長さ寸法記入　を（SEL） （1 本目の寸法補助線の起点を指定……：）　端点 L　を O スナップ （2 本目の寸法補助線の起点を指定：）　端点 M　を O スナップ （寸法線の位置を指定……：）　コマンドウィンドウ の [寸法値(T)] を（SEL） （寸法値を入力：）　%%C<>　[Enter] （寸法線の位置を指定……：）　寸法を記入する位置　を（SEL）
長さ寸法の中の回転オプションを使用する．	[ホーム] タブ [注釈]/長さ寸法記入　を（SEL） （1 本目の寸法補助線の起点を指定……：）　端点 P　を O スナップ （2 本目の寸法補助線の起点を指定：）　端点 Q　を O スナップ （寸法線の位置を指定……：）　コマンドウィンドウ の [回転(R)] を（SEL） （寸法線の角度を指定：）　15　[Enter] （寸法線の位置を指定……：）　コマンドウィンドウ の [寸法値(T)] を（SEL） （寸法値を入力：）　（<>）　[Enter] （寸法線の位置を指定……：）　寸法を記入する位置　を（SEL）
その他の寸法を記入する．	以下略
引出線寸法を記入する．	[ホーム] タブ [注釈]/引出線　を（SEL） （引出線の矢印の位置を指定……：） 　線分 MN 上の任意の点 R　を O スナップ（近接点） （引出参照線の位置を指定：）　点 R より右上の任意の点 S　を（SEL） 表示されたテキストボックスに A　と入力 何も作図されていない任意の位置　を（SEL）
傾斜した寸法補助線を記入する図形を作成する．	[ホーム] タブ [作成]/線分　を（SEL） （1 点目を指定：）　画面上の任意の点 T　を（SEL） 以下略
水平寸法を記入する．⑥	[ホーム] タブ [注釈]/長さ寸法記入　を（SEL） （1 本目の寸法補助線の起点を指定……：）　端点 U　を O スナップ （2 本目の寸法補助線の起点を指定：）　端点 V　を O スナップ （寸法線の位置を指定……：）　寸法を記入する位置　を（SEL） （右）ショートカットメニュー の [繰り返し] を（SEL） （1 本目の寸法補助線の起点を指定……：）　端点 W　を O スナップ （2 本目の寸法補助線の起点を指定：）　端点 X　を O スナップ （寸法線の位置を指定……：）　寸法を記入する位置　を（SEL） 以下略
傾斜した寸法補助線に変更する．⑦	[注釈] タブ [寸法記入]/スライド寸法　を（SEL） （オブジェクトを選択：）　26 mm の水平寸法　を（SEL） （オブジェクトを選択：）　28 mm の水平寸法　を（SEL） （オブジェクトを選択：）　（右） （スライド角度……：）　60　[Enter]

TIPS　実長記号 "< >"

■ 実際に計測された寸法値に関しては，自動調整寸法機能が働く．寸法記入後の図形（計測した図形と寸法図形）を尺度変更やストレッチで修正すると，修正後の寸法値は自動的に変更される．ただし，寸法値の数値を変更していると自動調整されない．この実際に計測された値すなわち実長値は "< >" の記号で管理されている．もし，接頭表記，接尾表記〔例：φ5，(55) など〕をする場合は，実長記号 "< >" を用いて記入することが望ましい．

TIPS　マルチ引出線

■ 引出線コマンドは，マルチ引出線オブジェクトを作成する．マルチ引出線オブジェクトは，矢印，水平参照線，直線または曲線の引出線と，マルチテキストまたはブロックで構成される．引出線の矢印の位置を指定，引出参照線を指定，または内容を指定することで簡単に記入できる．

TIPS　[注釈] タブからの実行

■ リボン [注釈] タブ からも，文字記入，寸法記入，マルチ引出線コマンドの実行ができる．

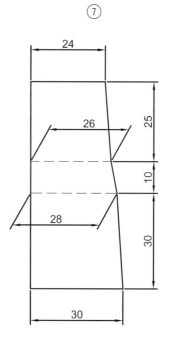

CHAPTER 3 CADの基本操作

> **参考** 新しい寸法記入コマンド

AutoCAD 2016／AutoCAD LT2016から，新しい寸法記入コマンドが追加された．

このコマンドでは，ひとつのコマンドで多様な寸法が記入できる．コマンドを実行し寸法を記入するオブジェクトにカーソルを合わせると，自動的に適した種類の寸法がプレビュー表示される．記入したい寸法図形がプレビューされたところで，クリックし，位置を指定すると，簡単に寸法が記入できる．

このコマンドは，垂直寸法，水平寸法，平行寸法，長さ寸法，角度寸法，半径寸法，直径寸法，折り曲げ半径寸法，弧長さ寸法，並列寸法，直列寸法に対応している．

新しい寸法記入コマンド	
内　容	操　作　手　順
寸法記入コマンドで水平寸法を記入	**[ホーム]** タブ **[注釈]**/**寸法記入** を（SEL）　　　　　……（図3・10） （オブジェクトを選択 または 1本目の寸法補助線の起点を指定……：） 線分 AB にカーソルを合わせる　　　　　……（クリックしない） 水平寸法がプレビューされているのを確認する （寸法補助線の起点を指定する線分を選択：） プレビューを確認し線分 AB を（SEL）　　　　　……（図3・11） （寸法線の位置を指定……：）寸法を記入する位置 を（SEL） （直列記入する寸法補助線の起点を選択……：） （右）**ショートカットメニュー** の **[Enter]** を（SEL）

図3・10

図3・11

寸法記入コマンドで角度寸法を記入	**[ホーム]** タブ **[注釈]**/**寸法記入** を（SEL） （オブジェクトを選択 または 1本目の寸法補助線の起点を指定……：） **コマンドウィンドウ** の **[角度寸法(A)]** を（SEL） （円弧，円，線分を選択……：）線分 AB を（SEL） （角度の2番目の側を指定する線分を選択：）線分 AD を（SEL） （寸法線の位置を指定……：）寸法を記入する位置 を（SEL） 　　　　　　　　　　　　　　　　　　　　　……（図3・12） （直列記入する寸法補助線の起点を選択……：） （右）**ショートカットメニュー** の **[Enter]** を（SEL）

3・2 よく使う作図コマンド

図3・12

寸法記入コマンドで直径寸法を記入	**[ホーム]** タブ **[注釈]/寸法記入** を（SEL） （オブジェクトを選択 または 1 本目の寸法補助線の起点を指定……：） 円にカーソルを合わせる　　　　　　　　　　　　　　　　…（クリックしない） 直径寸法がプレビューされているのを確認する 　　　　　　　　　　　…（カーソルの動きで，半径寸法のプレビューになる） 　　　　　　　　　　　　　　　　　　　　　　　　　　…（図3・13） （直径を指定する円を選択……：）　プレビューを確認し円 を（SEL） （直系寸法の位置を指定……：）　寸法を記入する位置 を（SEL） （直列記入する寸法補助線の起点を選択……：） （右）**ショートカットメニュー** の **[Enter]** を（SEL）

図3・13

寸法記入コマンドで直列寸法を記入	**[ホーム]** タブ **[注釈]/寸法記入** を（SEL） （オブジェクトを選択 または 1 本目の寸法補助線の起点を指定……：） 端点 G 　をOスナップ （2 本目の寸法補助線の起点を指定……：）　端点 H をOスナップ 　　　　　　　　　　　　…（2 点を指定して寸法を記入する方法） （寸法線の位置を指定……：）　寸法を記入する位置 を（SEL） （オブジェクトを選択 または 1 本目の寸法補助線の起点を指定……：） **コマンドウィンドウ** の **[直列寸法記入(C)]** を（SEL） （直列記入する 1 本目の寸法補助線の起点を指定：） 直列記入される側よりで寸法図形　を（SEL）　　　　　…（図3・14） （2 本目の寸法補助線の起点を指定……：）　端点 I をOスナップ （2 本目の寸法補助線の起点を指定……：）　端点 J をOスナップ （2 本目の寸法補助線の起点を指定……：） （右）**ショートカットメニュー** の **[Enter]** を（SEL） （直列記入する 1 本目の寸法補助線の起点を指定：）　（右） （オブジェクトを選択 または 1 本目の寸法補助線の起点を指定……：） （右）**ショートカットメニュー** の **[Enter]** を（SEL）

図3・14

演習 3・12 ハッチング

　ハッチングのタイプを選択する方法には 2 通りある．50 種類以上にもなるパターンの中から選択する方法と，パターンを選択せずに，線の角度と，線と線の間隔を指定して独自のハッチングパターンを選択する方法とがあり，ここでは，この 2 通りの方法を説明する．ハッチングコマンドを実行すると，リボンの表示が「ハッチング作成」専用のコンテキストタブに切り替わる．

　なお，寸法記入と同様，ハッチングの線も太くなってしまうが，くわしくは **3・3** 節 (p.075) を参照．

内　　容	操　作　手　順
入力画面を準備する．	入力画面の設定方法 1 による．
図形を作成する．	[ホーム] タブ [作成]／線分　を (SEL) 　(1 点目を指定：)　画面上の任意の点 A　を (SEL) 　(次の点を指定……：)　@50, 0　[Enter] 　(次の点を指定……：)　@0, −25　[Enter] 　(次の点を指定……：)　@20, 0　[Enter] 　(次の点を指定……：)　@0, −60　[Enter] 　(次の点を指定……：)　@−20, 0　[Enter] 　(次の点を指定……：)　@0, −25　[Enter] 　(次の点を指定……：)　@−50, 0　[Enter] 　(次の点を指定……：)　@0, 25　[Enter] 　(次の点を指定……：)　@−20, 0　[Enter] 　(次の点を指定……：)　@0, 60　[Enter] 　(次の点を指定……：)　@20, 0　[Enter] 　(次の点を指定……：)　コマンドウィンドウ の [閉じる(C)]　を (SEL) 　(コマンド：)　(右) ショートカットメニュー の [繰り返し]　を (SEL) 　(1 点目を指定：)　線分 AB の中点　を O スナップ 　(次の点を指定……：)　線分 CD の中点　を O スナップ 　(次の点を指定……：)　(右) ショートカットメニュー の [Enter]　を (SEL) [ホーム] タブ [作成]／円弧／中心, 始点, 終点　を (SEL) 　(円弧の中心点を指定：)　線分 EF の中点　を O スナップ 　(円弧の始点を指定：)　@0, −25　[Enter] 　(円弧の終点を指定……：)　@0, 25　[Enter] 　(コマンド：)　(右) ショートカットメニュー の [繰り返し]　を (SEL) 　(円弧の中心点を指定：)　線分 GH の中点　を O スナップ 　(円弧の始点を指定：)　@0, 25　[Enter] 　(円弧の終点を指定……：)　@0, −25　[Enter]
①の部分にハッチングを施す．	[ホーム] タブ [作成]／ハッチング　を (SEL) [ハッチング作成] タブ [パターン]／[ANSI31]　を (SEL) [ハッチング作成] タブ [プロパティ]　(ハッチングパターンの尺度：)　0.5　と入力 [ハッチング作成] タブ [境界]／[点をクリック]　を (SEL) 　(内側の点をクリック：)　①の領域内　を (SEL) [ハッチング作成] タブ [閉じる]／[ハッチング作成]　を (SEL)
②の部分にハッチングを施す．	(右) ショートカットメニュー の [繰り返し]　を (SEL) [ハッチング作成] タブ [プロパティ]　(ハッチングのタイプ：)　ユーザ定義　を (SEL) 　(角度：)　−45　と入力 　(ハッチングの間隔：)　2　と入力 [ハッチング作成] タブ [境界]／[点をクリック]　を (SEL) 　(内側の点をクリック：)　②の領域内　を (SEL) [ハッチング作成] タブ [閉じる]／[ハッチング作成を閉じる]　を (SEL)

3・2 よく使う作図コマンド

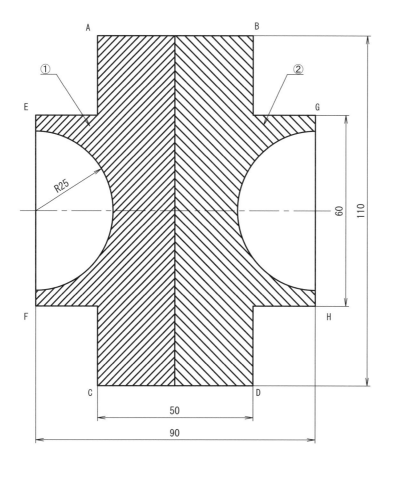

演習 3・12 ハッチング

BHATCH

参考　ハッチングのオプション機能

1. ハッチングの原点

ハッチングパターンの絵柄は，原点で位置合わせされているが，ハッチングの原点位置を変更してオブジェクトに絵柄を合わせることができる．

図3・15　「現在の原点を使用」を設定した例

図3・16　「左下」（オブジェクトの左下点）を原点に設定した例

2. ギャップ許容値

ハッチングする領域は閉じていなければならない．もし，閉じていない領域にハッチングを作成する場合は，あらかじめ隙間より大きめの値を「ギャップ許容値」に設定しておく．図3・12のメッセージが表示されるが，「この領域にハッチングを作成する」を選択すれば，閉じていない領域でもハッチングが作成できる．

図3・17　「ギャップ許容値」の設定

図3・18　開いた境界の警告画面

図3・19　閉じていない領域にハッチング

3. 独立したハッチング

ハッチングする領域を複数指定すると，複数の領域のハッチングはひとつのハッチングオブジェクトになる．領域ごとの別々のハッチングオブジェクトにしたい場合は，「独立したハッチングを作成」を設定しておく．

図3・20 「独立したハッチングを作成」の設定

図3・21 「独立したハッチングを作成」を設定しない例と設定した例

4. ハッチング境界の再作成

削除されたハッチング境界を後から再作成することができる．ハッチングオブジェクトを選択すると，ハッチングオブジェクトを修正するためのコンテキストタブ「ハッチングエディタ」が表示される．「境界」パネルの「再作成」を選択すると，ハッチングの境界が再作成される．

図3・22 境界を再作成の設定

CHAPTER 3 CADの基本操作

TIPS　メニューバーを表示する

■ 本書の操作手順はリボンからの操作方法で記述しているが，アイコンボタンのイラスト図に慣れない場合は，メニューバーを使用する操作方法もある．メニューバーは日本語表記になっている．

■ メニューバーの表示方法：

　　　クイックアクセスツールバー の右端の ■ ボタン　を（SEL）
　　　表示されたメニューから[メニューバーを表示]を（SEL）

■ メニューバーから線分コマンドを実行

　　　メニューバー の[作成]を（SEL）
　　　表示されたメニューの[線分]を（SEL）

3・3　テンプレートファイルの準備

　これまでは，ひとつの画層ですべてのオブジェクトを作成してきた．しかし，すべて同じ画層では，寸法記入コマンドの演習3・11（p.064）で見たように，寸法線まで外形線のように太くなってしまう．ここからは，線種や線の太さなどをあらかじめ詳細に設定した外形線のための画層，寸法のための画層などにそれぞれ図形を作成する．

　画層その他の条件を設定したテンプレートファイルを「テンプレートファイルの作成方法」にしたがってあらかじめ作成しておく．製図を始めるときは，毎回，「入力画面の設定方法2」によりテンプレートファイルを開いて入力画面を準備する．

　作業を進めやすいように，あらかじめいろいろな環境を設定したファイルがテンプレートファイルであり，拡張子は「dwt」である．設定内容は，① 作図領域，② 文字記入のスタイル，③ 寸法記入のスタイル，④ 引出線のスタイル，⑤ 線種の設定，⑥ 画層の設定などである．

　このテンプレートファイルを使用すると，いつでも同じ環境で作業が始められ，作図をすることに集中でき，時間的にもむだがなくなる．

　「入力画面の設定方法1」では，作図領域のみ設定し，図面ファイル（dwg）として保存したものを開いて使用してきた．この場合，図面作成後，上書き保存をすると，次に開いたとき作図内容が含まれているため，新規に作図をするには内容を削除してからという手間がかかってしまう．

　テンプレートはdwtという図面とは違う形式のファイルとして管理するので扱いやすい．

　サンプルとしていくつかのテンプレートファイルが提供されている．その中からニーズに合った設定内容のものを選択することもできるが，自分自身の環境に合わせたテンプレートファイルを作成するほうがより効果的で，さらに使いやすくなる．

　テンプレートファイルは初めに1回だけ作成すればよい．ここではA4サイズの用紙を縦に置いた状態で設定したテンプレートファイルを「a4_tate.dwt」のファイル名で保存している．本来なら，輪郭線や表題欄なども作成するが，ここでは省いている．削除コマンドの演習では，さっそくこのテンプレートファイルを使用する（CHAPTER 5では，A4サイズの用紙を横に置いた状態で作図するものがいくつかあるが，この場合も同じ要領で，事前にテンプレートファイルを作成しておくことが必要がある．その際に作成したテンプレートファイルは，「a4_yoko.dwt」のファイル名で保存しておく）．

テンプレートファイルの作成方法	
内　　容	操　作　手　順
入力画面を準備する．	入力画面の設定方法1の操作をする．
文字スタイルを設定する．	［注釈］タブ［文字］のダイアログボックスランチャーの矢印　を（SEL）　　……（図3・23） 図3・23

［新規作成］を（SEL） ‥‥（図3・24）

図3・24　文字スタイル管理画面

（スタイル名：）　TEXT-1　と入力 ‥‥（図3・25）
［OK］を（SEL）

図3・25　文字スタイルの新規作成

フォント欄
（フォント名：）　MS ゴシック　を（SEL）
サイズ欄
（高さ：）　0のまま変更しない．
効果欄
（幅係数：）　1のまま変更しない．（傾斜角度：）　0のまま変更しない．
［適用］を（SEL） ‥‥（図3・26）
現在の文字スタイル：TEXT-1 になる
［閉じる］を（SEL）‥‥（文字の高さを0のままにしておくと文字入力の度に高さを設定できる）

TIPS　文字スタイル管理

■ 文字スタイル管理では，文字の書体を設定できる．
　フォント欄フォント名の一覧から TrueType フォント，AutoCAD 用に設定された shx フォントのいずれかを選択して設定する．
　shx フォントは，簡素化された文字で，印刷，表示は速いが見映えは TrueType フォントに比べてよくない．shx フォントを設定して日本語を入力する場合は，「ビッグフォントを使用」に✔をつけて日本語用の shx フォントを設定する必要がある．設定をしていないと入力した日本語は「？」で表示される．
　TrueType フォントは Windows 標準の文字スタイルで，明朝，ゴシック，楷書体などが設定できる．
　　ゴシック体は　MS ゴシック（縦書きは @MS ゴシック）
　　明朝体は，MS 明朝（縦書きは @MS 明朝）

3・3 テンプレートファイルの準備

図3・26 新規文字スタイルの設定

寸法スタイルを設定する.	[注釈] タブ [寸法記入] のダイアログボックスランチャーの矢印 を (SEL) ・・・・ (図3・27)

図3・27

[新規作成] を (SEL) ・・・・ (図3・28)

図3・28 寸法スタイル管理画面

(新しいスタイル名：) DIM-1 と入力
(開始元：) ISO-25 のまま変更しない.
(適用先：) すべての寸法 を (SEL)
[続ける] を (SEL)

図3・29 寸法スタイルを新規作成

077

［寸法線］タブの画面が表示される
寸法線欄
　（並列寸法の寸法線間隔：）　7　と入力
寸法補助線欄
　（補助線延長長さ：）　1　と入力
　（起点からのオフセット：）　0　と入力　　　　　　　　　　　　　…（図3・30）

図3・30　寸法線の設定

［シンボルと矢印］タブ　を（SEL）
矢印欄
　（1番目：）　開矢印　を（SEL）
　（2番目：）　開矢印　に変更されたのを確認
　（矢印のサイズ：）　2.5　のまま変更しない
中心マーク欄
　（タイプ：）　なし　を（SEL）

図3・31　シンボルと矢印の設定

[寸法値] タブ を (SEL)
寸法値の表示欄
　(文字スタイル：) TEXT-1 を (SEL)
　(文字の高さ：) 2.5 のまま変更しない
寸法値の配置欄
　(垂直方向：) JIS を (SEL)
　(水平方向：) 中心 のまま変更しない
　(文字の方向：) 左から右 のまま変更しない
　(寸法線からのオフセット：) 1 と入力

図 3・32 寸法値の設定

[フィット] タブ を (SEL)
フィットオプション欄
　〇寸法値と矢印 を (SEL)　　　　　　　　　　　　　　　　　‥‥(●をつける)
寸法図形の尺度欄
　(全体の尺度：) 1 のまま変更しない

図 3・33 フィットの設定

[基本単位] タブ を (SEL)
長さ寸法欄
  (単位形式:) 十進表記 のまま変更しない
  (精度:) 0.0 を (SEL)
  (十進数の区切り:) '.'(ピリオド) を (SEL)
角度寸法欄
  (単位の形式:) 度/分/秒 を (SEL)
  (精度:) 0d00' を (SEL)
[OK] を (SEL)

図3・34　基本単位の設定

現在の寸法スタイル：DIM-1 になる
[閉じる] を (SEL)

図3・35　寸法スタイルを現在に設定

マルチ引出線スタイルを設定する．

[注釈] タブ [引出線] のダイアログボックスランチャーの矢印 を (SEL) ‥‥ (図3・36)
[新規作成] を (SEL)

図3・36

図3・37 マルチ引出線スタイル管理画面

(新しいマルチ引出線スタイル名:) MLEADER-1 と入力
(開始元:) Standard のまま変更しない
［続ける］を（SEL）

図3・38 マルチ引出線スタイルの新規作成

［引出線の形式］タブ を（SEL）
　矢印欄
　（記号:） 開矢印 を（SEL）
　（サイズ:） 2.5 と入力

図3・39 引出線の形式設定

［引出線の構造］タブ を（SEL）
　参照線の設定欄
　□参照線の長さを設定 で 0 と入力

図3・40　引出線の構造設定

[内容]タブ　を（SEL）
文字オプション欄
　（文字スタイル：）　TEXT-1　を（SEL）
　（文字の高さ：）　2.5　と入力
引出線の接続欄
　（左側の接続：）　最終行に下線　を（SEL）
　（右側の接続：）　最終行に下線　を（SEL）
［OK］を（SEL）

図3・41　内容設定

現在のマルチ引出線スタイル：　MLEADER-1　になる
［閉じる］を（SEL）

3・3 テンプレートファイルの準備

図3・42　マルチ引出線スタイルを現在に設定

| 画層を設定する. | [ホーム] タブ [画層]/画層プロパティ管理　を（SEL）　　　　　　　　　　　…（図3・43）
[新規作成] アイコン　を（SEL）　　　　　　　　　　　　　　　　　　…（図3・44）
（名前：）　OBJECTS　と入力
新規作成した画層欄の線の太さ［既定］を（SEL）
0.35mm　を（SEL）
[OK]　を（SEL） |

図3・43

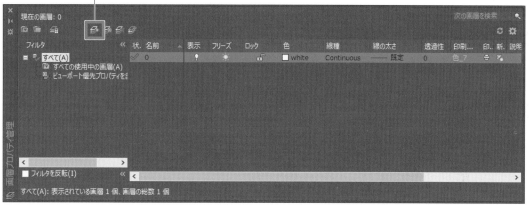

図3・44　画層を新規作成

[新規作成] アイコン　を（SEL）
　（名前：）　CENTER　と入力
　新規作成した画層欄の色［□ white］を（SEL）
　（色：）　red　を（SEL）
　[OK] を（SEL）
　新規作成した画層欄の線種［Continuous］を（SEL）

TIPS　線種「...2」は1/2,「...×2」は2倍の粗さ

■ 中心線 CENTER やかくれ線 HIDDEN には，
　CENTER, CENTER2, CENTER×2
　HIDDEN, HIDDEN2, HIDDEN×2
　と，同じ線種でも目の粗さの違うものが準備されている．

CHAPTER 3 CADの基本操作

図3・45 色選択

図3・46 線種設定

[ロード...] を (SEL)

使用可能な線種欄
 CENTER2 を (SEL)
 [Ctrl] キーを押しながら HIDDEN を (SEL)　　　…(複数の線種をロードする方法)
[OK] を (SEL)

TIPS　入力画面の色変更

■ 入力画面の背景の色を変更することができる．画層で使用する色との関係や好みによって変更するとよい．ここで，背景色を白に変更する例を以下に示す．

 （右）**ショートカットメニュー** の [**オプション**] を (SEL)
 [表示] タブ を (SEL)
 ウィンドウの要素欄
  [色] を (SEL)
  （コンテキスト：） 2D モデル空間 を (SEL)
  （インタフェース要素：） 背景 を (SEL)
  （色：） white を (SEL)
 [適用して閉じる] を (SEL)
 [OK] を (SEL)

3・3 テンプレートファイルの準備

図3・47 線種のロード

CENTER2 を (SEL) ・・・・ (図3・48)
[OK] を (SEL)
新規作成した画層欄の線の太さ [0.35] を (SEL)
0.18 mm を (SEL)
[OK] を (SEL)
以下，同様の手順で，HIDDEN，TEXT，DIMS，WAKU の各画層を設定する。
[OK] を (SEL)

図3・48

設定例

画層名	色	線　種	線の太さ	主用途
CENTER	1 red	CENTER	0.18	中心線用
DIMS	6 magenta	Continuous	0.18	寸法線用
HIDDEN	2 yellow	HIDDEN	0.18	かくれ線用
OBJECTS	7 white	Continuous	0.35	外形線用
TEXT	4 cyan	Continuous	0.18	文字列用
WAKU	7 white	Continuous	0.5	輪郭用

OBJECTS 画層を現在層に設定する。	OBJECTS 画層名 を (SEL) [現在に設定] アイコン を (SEL) ✖ を (SEL)　・・・・ (画層プロパティ管理画面を閉じる)

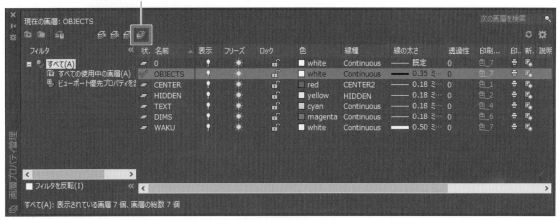

図3・49　画層を現在に設定

	[ホーム]タブ[プロパティ]線種欄▼ を(SEL) [その他] を(SEL) [詳細を表示] を(SEL) (グローバル線種尺度：)　0.5　と入力
線種の尺度を設定する．	（acadltiso.lin ファイルの線種は，A3（420 × 297）作図領域に合わせて目の粗さが設定されている．作図領域 210 × 297 に合わせた半分の尺度にするために，線種の尺度を 0.5 に設定する） [OK] を(SEL)

図3・50　　　　　　　　　　　図3・51

図3・52　線種の詳細設定

3・3 テンプレートファイルの準備

内　容	操　作　手　順
テンプレートファイルとして保存する．	**クイックアクセスツールバー** の **［名前を付けて保存…］** を（SEL） （ファイルの種類：） AutoCAD LT 図面テンプレート を（SEL） （ファイル名：） a4_tate と入力 ［保存］を（SEL） ［OK］を（SEL）

図3・53　テンプレートファイルを保存

入力画面の設定方法2（**演習3・13** "削除" 以降で使用する）	
内　容	操　作　手　順
テンプレートを使用して入力画面を準備する．	**クイックアクセスツールバー** の **［クイック新規作成］** を（SEL） （ファイル名：） a4_tate.dwt を（SEL） ［開く］を（SEL）

図3・54　テンプレートを選択

087

3・4 よく使う修正コマンド

演習 3・13　削　　　　除

　削除コマンドを実行し，オブジェクトにカーソルを近づけると，編集後の状態がプレビューされる．つまり，実際に削除をしてしまう前に削除された後の状態を表示してくれる．このプレビューを確認しながら削除の操作をすすめることができる（このコマンドプレビューに関しては p.178 の TIPS 欄を参照）．

内　　　容	操　作　手　順
入力画面を準備する．	入力画面の設定方法 2 による．
削除コマンド演習用の図形を作成する．①②③④⑤	[ホーム] タブ [作成]/線分 を（SEL） 　以下略　　　　　　　　　　…（演習 3・1 "線分の作成" を参照）
線分を 1 本 1 本削除する．①	[ホーム] タブ [修正]/削除 を（SEL） （オブジェクトを選択：）　線分 A を（SEL） （オブジェクトを選択：）　線分 B を（SEL） （オブジェクトを選択：）　（右）
窓選択で削除する．②	[ホーム] タブ [修正]/削除 を（SEL） （オブジェクトを選択：）　C 付近 を（SEL） （もう一方のコーナーを指定：）　D 付近 を（SEL） （オブジェクトを選択：）　（右）
交差選択で削除する．③	[ホーム] タブ [修正]/削除 を（SEL） （オブジェクトを選択：）　E 付近 を（SEL） （もう一方のコーナーを指定：）　F 付近 を（SEL） （オブジェクトを選択：）　[Enter]
窓選択で削除する．④	[ホーム] タブ [修正]/削除 を（SEL） （オブジェクトを選択：）　G 付近 を（SEL） （もう一方のコーナーを指定：）　H 付近 を（SEL） （オブジェクトを選択：）　（右）
交差選択で削除する．⑤	[ホーム] タブ [修正]/削除 を（SEL） （オブジェクトを選択：）　I 付近 を（SEL） （もう一方のコーナーを指定：）　J 付近 を（SEL） （オブジェクトを選択：）　（右）
画面に作図されているオブジェクトをすべて削除する．	[ホーム] タブ [修正]/削除 を（SEL） （オブジェクトを選択：）　ALL　[Enter]　…（全オブジェクトを選択する方法） （オブジェクトを選択：）　（右）

TIPS　Delete キー
- 削除するオブジェクトを先に選択してから [Delete] キーを押しても，オブジェクトの削除ができる．

TIPS　その他の選択方法
- オブジェクトの選択方法には，窓選択，交差選択があるが，ほかにも選択オプションがいろいろある．
  - 画面の全オブジェクトを選択したい場合……ALL ＝すべて
  - 直前に修正するため選択したオブジェクトと同じオブジェクトを再度選択する場合……P ＝直前
  - 窓選択を四角い枠ではなく多角形的な枠で選択する場合……WP ＝ポリゴン窓
  - 交差選択を四角い枠ではなく多角形的な枠で選択する場合……CP ＝ポリゴン交差
  - 交差選択を四角い枠ではなく直線で選択する場合……F ＝フェンス

3・4 よく使う修正コマンド

演習3・13 削除

E_RASE

089

CHAPTER 3　CADの基本操作

⇄　演習3・14　複写とオフセット

内　　　容	操　作　手　順
入力画面を準備する.	入力画面の設定方法2による.
半径10 mmの円を作成する.	[ホーム]タブ [作成]/円/中心,半径　を（SEL） 以下略
円を，移動距離を指定して複写する. ①	[ホーム]タブ [修正]/複写　を（SEL） （オブジェクトを選択：）　円　を（SEL） （オブジェクトを選択：）　（右） （基点を指定……：）　13，－10　[Enter] （2点目を指定……：）　[Enter] 以下略　　　　　　　　　　　　　　　　……（X軸とY軸の正，負の方向に注意）
正三角形を作成する.	[ホーム]タブ [作成]/ポリゴン　を（SEL） 以下略
正三角形の頂点に辺の長さを直径とする円を作成する.	[ホーム]タブ [作成]/円/中心,半径　を（SEL） （円の中心点を指定……：）　正三角形の頂点　をOスナップ（端点） （円の半径を指定……：）　正三角形の辺の中点　をOスナップ
いま作成した円を指定した位置に連続複写する. ②	[ホーム]タブ [修正]/複写　を（SEL） （オブジェクトを選択：）　円　を（SEL） （オブジェクトを選択：）　（右） （基点を指定……：）　円の中心　をOスナップ （2点目を指定……：）　正三角形の次の頂点　をOスナップ（端点） （2点目を指定……：）　正三角形の次の頂点　をOスナップ（端点） （2点目を指定……：）　**コマンドウィンドウ**　の **[終了(E)]** を（SEL）
①の5個の円を外側に4 mmオフセットする. ③	[ホーム]タブ [修正]/オフセット　を（SEL） （オフセット距離を指定……：）　4　[Enter] （オフセットするオブジェクトを選択……：）　円　を（SEL） （オフセットする側の点を指定：）　円の外側　を（SEL） （オフセットするオブジェクトを選択……：）　次の円　を（SEL） 途中略 （オフセットするオブジェクトを選択……：） **コマンドウィンドウ**　の **[終了(E)]** を（SEL）
線分AB，CDを作成する.	ステータスバー　の **[カーソルの動きを直交に強制]** を（SEL）し，直交モードにする. [ホーム]タブ [作成]/線分　を（SEL） （1点目を指定：）　任意の点A　を（SEL） 以下略
線分AB，CDをオフセットする.	[ホーム]タブ [修正]/オフセット　を（SEL） （オフセット距離を指定……：）　50　[Enter] （オフセットするオブジェクトを選択……：）　線分AB　を（SEL） （オフセットする側の点を指定……：）　線分ABの上側の任意の点　を（SEL） （オフセットするオブジェクトを選択……：）　**コマンドウィンドウ**　の **[終了(E)]** を（SEL） （右）**ショートカットメニュー**　の **[繰り返し]** を（SEL） （オフセット間隔を指定……：）　10　[Enter] （オフセットするオブジェクトを選択……：）　線分EF　を（SEL） （オフセットする側の点を指定……：）　線分EFの下側の任意の点　を（SEL） （オフセットするオブジェクトを選択……：）　線分GH　を（SEL） （オフセットする側の点を指定……：）　線分GHの下側の任意の点　を（SEL） （オフセットするオブジェクトを選択……：）　**コマンドウィンドウ**　の **[終了(E)]** を（SEL） （右）**ショートカットメニュー**　の **[繰り返し]** を（SEL） （オフセット間隔を指定……：）　50/2　[Enter] （オフセットするオブジェクトを選択……：）　線分CD　を（SEL） （オフセットする側の点を指定……：）　線分CDの右側の任意の点　を（SEL） （オフセットするオブジェクトを選択……：）　線分CD　を（SEL） （オフセットする側の点を指定……：）　線分CDの左側の任意の点　を（SEL） 以下略
太線部分を作成する. ⑤	定常Oスナップを交点に設定し，線分コマンドで作図する（省略）

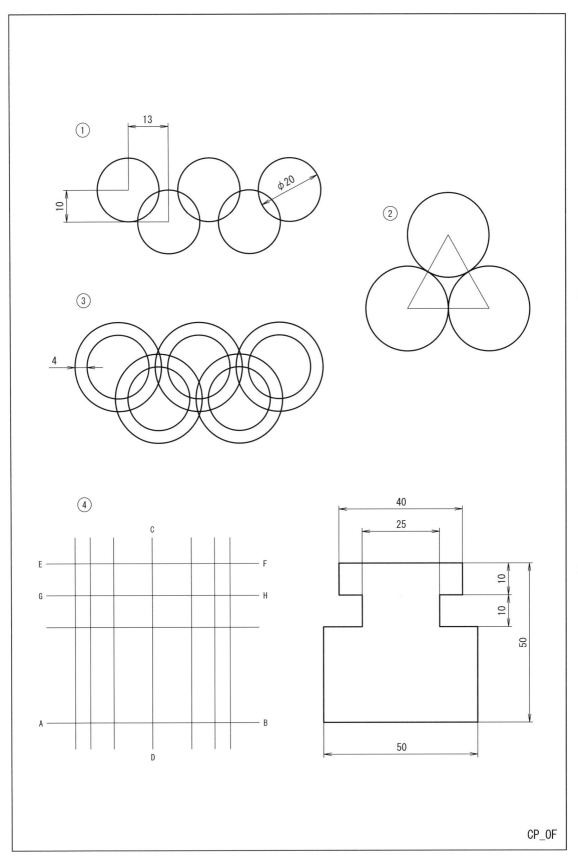

演習3・15　配 列 複 写

　矩形状配列複写では，オブジェクトを選択し確定した後，円形状配列複写では，配列複写の中心を指定した後，リボンは「配列複写作成」のコンテキストタブに切り替わる．作図画面では，配列複写後の状態がプレビュー表示される．

内　　　　容	操　作　手　順
入力画面を準備する．	入力画面の設定方法2による．
直径10 mmの円を作成する．	[ホーム]タブ[作成]/円/中心,半径　を（SEL） 　（円の中心点を指定……：）　画面左上の任意の点　を（SEL） 　（円の半径を指定……：）　5　[Enter]
円に外接する正六角形を作成する．	[ホーム]タブ[作成]/ポリゴン　を（SEL） 　（エッジの数を入力：）　6　[Enter] 　（ポリゴンの中心を指定……：）　円の中心　をOスナップ 　（……[内接(I)/外接(C)]：）　コマンドウィンドウ　の[外接(C)]を（SEL） 　（円の半径を指定……：）　円の任意の四半円点　をOスナップ
作成した図形を5行7列の矩形状に配列複写する．①	[ホーム]タブ[修正]/矩形状配列複写　を（SEL） 　（オブジェクトを選択：）　円と正六角形　を（SEL） 　（オブジェクトを選択：）　（右） [配列複写作成]タブ[列]で 　（列：）　7　と入力 　（間隔：）　20　と入力 [配列複写作成]タブ[行]で 　（行：）　5　と入力 　（間隔：）　-15　と入力　　　　　　　　　　　　　……（負は下方向） [配列複写作成]タブ[閉じる]/[配列複写を閉じる]　を（SEL）
直径24 mmの円を作成する．	[ホーム]タブ[作成]/円/中心,半径　を（SEL） 　以下略
円に外接する正三角形を作成する．	[ホーム]タブ[作成]/ポリゴン　を（SEL） 　（エッジの数を入力：）　3　[Enter] 　（ポリゴンの中心を指定……：）　円の中心　をOスナップ 　（……[内接(I)/外接(C)]：）　コマンドウィンドウ　の[外接(C)]を（SEL） 　（円の半径を指定……：）　円の上部四半円点　をOスナップ
交点Aを中心として，作成した図形を円形状に配列複写する．②	[ホーム]タブ[修正]/円形状配列複写　を（SEL） 　（オブジェクトを選択：）　円と正三角形　を（SEL） 　（オブジェクトを選択：）　[Enter] 　（配列複写の中心を指定……：）　交点A　をOスナップ [配列複写作成]タブ[項目]で 　（項目：）　5　と入力 [配列複写作成]タブ[閉じる]/[配列複写を閉じる]　を（SEL）

TIPS　「分解」コマンド

■ ポリライン，ブロック図形，寸法図形，配列複写の関連づけられたオブジェクトは，「分解」コマンドで個々の構成要素に分解できる．

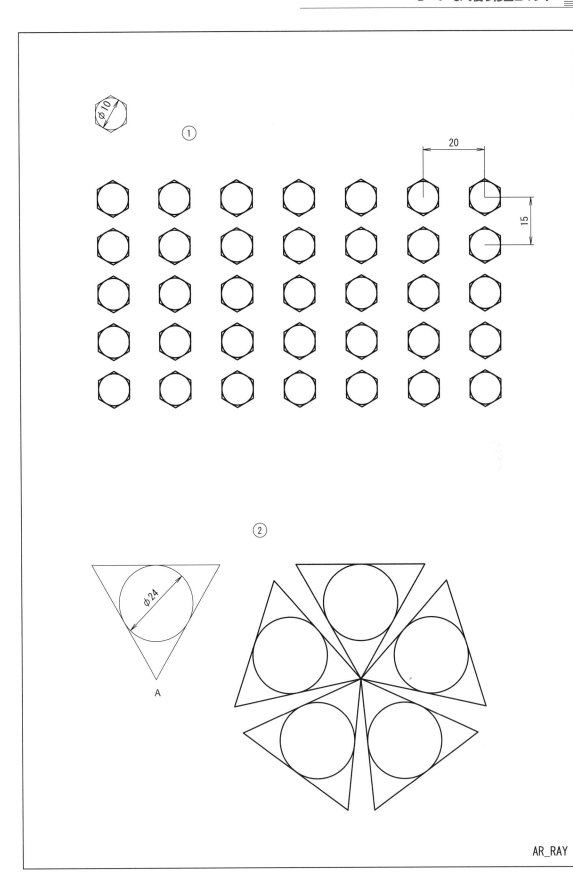

CHAPTER 3　CADの基本操作

演習 3・16　鏡　　　像

内　　　容	操　作　手　順
入力画面を準備する.	入力画面の設定方法 2 による.
40 mm × 16 mm の四角形を作成する.	[ホーム] タブ [作成]/線分　を（SEL） 以下略
辺 BC を直径とする円を作成する.	[ホーム] タブ [作成]/円/中心,半径　を（SEL） 以下略
円に外接する正三角形を作成する.	[ホーム] タブ [作成]/ポリゴン　を（SEL） 以下略
いま作成した円を削除する.	[ホーム] タブ [修正]/削除　を（SEL） 以下略
線分 AD に対称に作成した図形の鏡像を作成する. ①	[ホーム] タブ [修正]/鏡像　を（SEL） （オブジェクトを選択：）線分 AD を除く全オブジェクト　を（SEL） （オブジェクトを選択：）（右） （対称軸の 1 点目を指定：）端点 A を O スナップ （対称軸の 2 点目を指定：）端点 D を O スナップ （元のオブジェクトを消去しますか？：）**コマンドウィンドウ** の [**いいえ(N)**] を（SEL）
直径 32 mm の円を作成する.	[ホーム] タブ [作成]/円/中心,半径　を（SEL） 以下略
円に外接する正五角形を作成する.	[ホーム] タブ [作成]/ポリゴン　を（SEL） 以下略：
円のほぼ中央に文字を記入する.	[ホーム] タブ [注釈]/文字記入　を（SEL） 以下略
作成した図形を右側に複写する.	[ホーム] タブ [修正]/複写　を（SEL） 以下略
辺 EF に対称に作成した図形の鏡像を作成する. ②	[ホーム] タブ [修正]/鏡像　を（SEL） （オブジェクトを選択：）窓選択で全オブジェクト　を（SEL） （オブジェクトを選択：）（右） 以下略
文字列も鏡像化するように設定を変更する.	（コマンド：）MIRRTEXT　[Enter]　……（キー入力） （MIRRTEXT の新しい値を入力：）1　[Enter]
辺 EF に対称に作成した図形の鏡像を作成する. ③	[ホーム] タブ [修正]/鏡像　を（SEL） （オブジェクトを選択：）窓選択で全オブジェクト　を（SEL） （オブジェクトを選択：）（右） 以下略

> **TIPS**　鏡像移動
> ■ 鏡像コマンドは最後のメッセージ「元のオブジェクトを削除しますか？」の質問に「はい」と答えると，鏡像移動の意味になる．

> **TIPS**　対称軸
> ■ 対称軸は 1 点目と 2 点目の位置が同じでない限り，それらの距離が短くても長くても，できる鏡像は変わらない．
> ■ 対称軸が水平または垂直方向ならば，2 点目の指定時に「直交モード」を利用するとよい．O スナップで指定しなくても，対称軸 はまっすぐになる．

3・4 よく使う修正コマンド

①

40

D　　　C
φ16
A　　　B
16

② MIRRTEXT=0

φ32
abc
E　　F

φ32
abc

φ32
abc

③ MIRRTEXT=1

φ32
abc
E　　F

φ32
abc

spc φ32

演習3・16　鏡　像

MI_RROR

演習 3・17　面取りとフィレット

内　　容	操　作　手　順
入力画面を準備する．	入力画面の設定方法2による．
45 mm × 40 mm の四角形を作成する．	[ホーム] タブ [作成]/線分　を（SEL） 以下略
四角形左下コーナーを面取りする．	[ホーム] タブ [修正]/面取り　を（SEL） （1本目の線を選択……：）　コマンドウィンドウ の [距離(D)] を（SEL） （1本目の面取り距離を指定：）　10　[Enter] //（2本目の面取り距離を指定：）　[Enter] （1本目の線を選択……：）　線分 AB　を（SEL）//（2本目の線を選択：）　線分 AD　を（SEL）
四角形右上コーナーを面取りする．	（右）ショートカットメニュー の [繰り返し] を（SEL） （1本目の線を選択……：）　コマンドウィンドウ の [距離(D)] を（SEL） （1本目の面取り距離を指定：）　20　[Enter] //（2本目の面取り距離を指定：）　10　[Enter] （1本目の線を選択……：）　線分 CD　を（SEL）//（2本目の線を選択：）　線分 BC　を（SEL）
四角形の左上と右下の角部をフィレットで丸める．①	[ホーム] タブ [修正]/フィレット　を（SEL） （最初のオブジェクトを選択……：）　コマンドウィンドウ の [半径(R)] を（SEL） （フィレット半径を指定：）　5　[Enter] （最初のオブジェクトを選択……：）　線分 AD　を（SEL） （2つ目のオブジェクトを選択：）　線分 CD　を（SEL） （右）ショートカットメニュー の [繰り返し] を（SEL） （最初のオブジェクトを選択……：）　コマンドウィンドウ の [トリム(T)] を（SEL） （トリムモードのオプションを入力……：）　コマンドウィンドウ の [非トリム(N)] を（SEL） 　　　　　　　　　　　　　　　　　　　　　　　　　…（右下の角部は非トリムモードで丸める） （最初のオブジェクトを選択……：）　線分 AB　を（SEL） （2つ目のオブジェクトを選択：）　線分 BC　を（SEL）
直径 30 mm の円を作成し，15 mm 右側に複写する．	[ホーム] タブ [作成]/円/中心，半径　を（SEL） 以下略
角部 4 か所をフィレットで丸める．②	[ホーム] タブ [修正]/フィレット　を（SEL） （最初のオブジェクトを選択……：）　コマンドウィンドウ の [複数(M)] を（SEL） 　　　　　　　　　　　　　　　　　…（同じ半径で続けて処理をするオプション） （最初のオブジェクトを選択……：）　円上の点 E の近く　を（SEL） （2つ目のオブジェクトを選択：）　円上の点 F の近く　を（SEL） 途中略 （最初のオブジェクトを選択……：）　（右）ショートカットメニュー の [Enter] を（SEL）
十字状に線分を作成する．	[ホーム] タブ [作成]/線分　を（SEL） 以下略
角部を半径 0 mm のフィレットで丸める．③（トリムしたことになる）	[ホーム] タブ [修正]/フィレット　を（SEL） （最初のオブジェクトを選択……：）　コマンドウィンドウ の [半径(R)] を（SEL） （フィレット半径を指定：）　0　[Enter] （最初のオブジェクトを選択……：）　コマンドウィンドウ の [トリム(T)] を（SEL） （トリムモードのオプションを入力……：）　コマンドウィンドウ の [トリム(T)] を（SEL） 　　　　　　　　　　　　　　　　　　　　　　…（トリムモードに戻す） （最初のオブジェクトを選択……：）　線分 GH の端点 H の近く　を（SEL） （2つ目のオブジェクトを選択：）　線分 JK の端点 J の近く　を（SEL）

TIPS　「非トリムモード」オプション

■ 面取りやフィレットコマンドには非トリムモードがある．非トリムとは，1つ目，2つ目のオブジェクトを共にトリムしないというモードである．「非トリム」に設定後は，元に戻しておかないと，面取り，フィレット両方のコマンドに非トリムモードのままで設定が残ってしまうので注意する．コマンドを実行すると，コマンドウィンドウに現在の設定モードが表示されるので確認をし，必要であれば，設定を変更する．

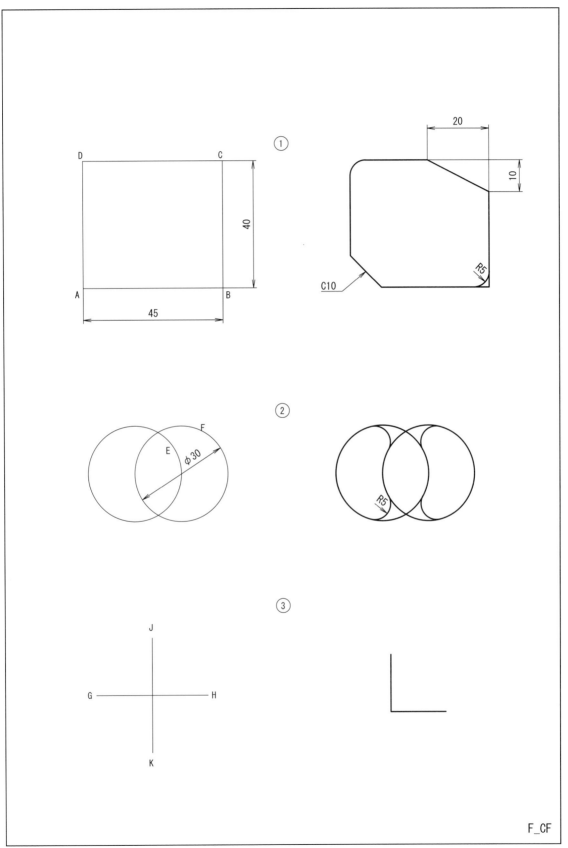

CHAPTER 3　CADの基本操作

演習 3・18　移 動 と 回 転

内　　容	操　作　手　順
入力画面を準備する．	入力画面の設定方法2による．
一辺の長さが約50 mmの正三角形を作成する．	**[ホーム]** タブ **[作成]**/**ポリゴン**　を（SEL） （エッジの数を入力：）　3　[Enter] （ポリゴンの中心を指定……：）　**コマンドウィンドウ** の **[エッジ(E)]** を（SEL） （エッジの1点目を指定：）　任意の点　を（SEL） （エッジの2点目を指定：）　@50, 0　[Enter]
直径20 mmの円を作成する．	**[ホーム]** タブ **[作成]**/**円**/**中心，半径**　を（SEL） （円の中心点を指定……：）　正三角形の頂点　をOスナップ（交点） （円の半径を指定……：）　10　[Enter]
円に外接する正方形を作成する．①	**[ホーム]** タブ **[作成]**/**ポリゴン**　を（SEL） （エッジの数を入力：）　4　[Enter] （ポリゴンの中心を指定……：）　円の中心　をOスナップ （……[内接(I)/外接(C)]：）　**コマンドウィンドウ** の **[外接(C)]** を（SEL） （円の半径を指定：）　円の任意の四半円点　をOスナップ
円と正方形を複写する．②	**[ホーム]** タブ **[修正]**/**複写**　を（SEL） （オブジェクトを選択：）　円と正方形　を（SEL） （オブジェクトを選択：）　（右） （基点を指定：）　円の中心　をOスナップ （2点目を指定……：）　正三角形の底辺の左の端点　をOスナップ （2点目を指定……：）　**コマンドウィンドウ** の **[終了(E)]** を（SEL）
円と正方形を移動する．③	**[ホーム]** タブ **[修正]**/**移動**　を（SEL） （オブジェクトを選択：）　複写した円と正方形　を（SEL） （オブジェクトを選択：）　[Enter] （基点を指定……：）　円の中心　をOスナップ （目的点を指定……：）　正三角形の底辺の中点　をOスナップ
正三角形の頂点の正方形を45度回転する．④	**[ホーム]** タブ **[修正]**/**回転**　を（SEL） （オブジェクトを選択：）　正三角形の頂点の円と正方形　を（SEL） （オブジェクトを選択：）　[Enter] （基点を指定：）　正三角形の頂点の円の中心　をOスナップ （回転角度を指定……：）　45　[Enter]
正三角形の頂点の円と正方形を18 mm上側に移動する．⑤	**[ホーム]** タブ **[修正]**/**移動**　を（SEL） （オブジェクトを選択：）　P　[Enter]　　　……（直前選択オブジェクトの選択） （オブジェクトを選択：）　[Enter] （基点を指定：）　0, 18　[Enter] （目的点を指定：）　[Enter]

TIPS　選択オプションP（直前）

- この演習のように，いくつかの同じオブジェクトをセットでいったん回転してから移動するといった修正を行うことはよくある．単一ならともかく，直前に選択したいくつかの同じオブジェクトのために同じ選択方法を続けて使用するのは面倒である．そこで，直前のオブジェクトと同じオブジェクトを指定したい場合は選択オプションである　P（直前）を使用するとよい．

TIPS　回転角度の入力法

- 回転角度が45度ではなく，22.5度のような場合は，22.5 または 22d30' のように入力する．

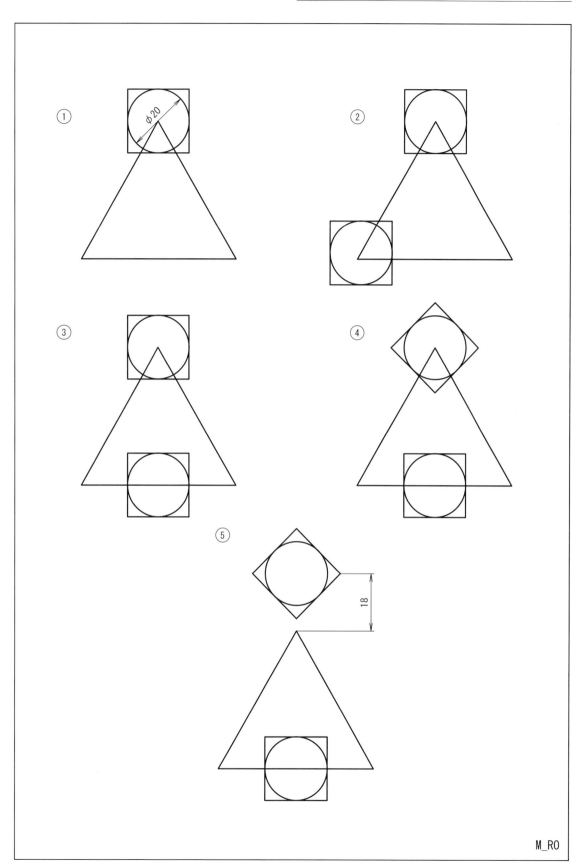

演習3・19 ストレッチ

内　　　容	操　作　手　順
入力画面を準備する.	入力画面の設定方法2による.
①の図形を作成する.	省略
寸法を記入する. ①	**[ホーム]** タブ **[注釈]**/**長さ寸法記入**　を（SEL） 以下略
図形①の下部のAB部分をY方向に20 mm縮める. ②	**[ホーム]** タブ **[修正]**/**ストレッチ**　を（SEL） （オブジェクトを選択：）　任意の点A　を（SEL） （もう一方のコーナーを指定：）　任意の点B　を（SEL）　‥‥（必ず交差選択） （オブジェクトを選択：）　（右） （基点を指定……：）　0，20　[Enter] （目的点を指定または〈基点を移動距離として使用〉：）　[Enter]
図形②の上部のCD部分をY方向に5 mm伸ばす. ③	**[ホーム]** タブ **[修正]**/**ストレッチ**　を（SEL） （オブジェクトを選択：）　任意の点C　を（SEL） （もう一方のコーナーを指定：）　任意の点D　を（SEL） （オブジェクトを選択：）　（右） （基点を指定……：）　0，5　[Enter] （目的点を指定または〈基点を移動距離として使用〉：）　[Enter]
図形③の中央部の幅を20 mm縮める. ④	**[ホーム]** タブ **[修正]**/**ストレッチ**　を（SEL） （オブジェクトを選択：）　任意の点E近く　を（SEL） （もう一方のコーナーを指定：）　任意の点F近く　を（SEL） （オブジェクトを選択：）　（右） （基点を指定……：）　−20，0　[Enter] （目的点を指定または〈基点を移動距離として使用〉：）　[Enter]

TIPS　ストレッチコマンドでは交差選択

■ ストレッチさせるオブジェクトを選択する場合，必ず交差選択を使用すること．それ以外の方法では，ストレッチするオブジェクトは選択できない．
交差選択の枠線に引っかかった部分が伸縮される．
移動される部分は，交差選択の枠線の中に入りきるように，オブジェクトを選択するときに気をつける．
交差選択では選択しづらいときは，画層の制御（非表示またはロック）を使用するとよい．

TIPS　寸法図形のストレッチ

■ 寸法が記入されているオブジェクトは寸法図形を含めてストレッチするとよい．
寸法図形は自動調整寸法機能が働き，矢印・数字の大きさはそのまま，寸法数値が新しい値に自動的に変更されるので，交差選択するときは寸法図形の含め方にも注意する．

TIPS　計測機能のいろいろ

■ 作図がきちんと行われているか，途中途中で確認が必要になるで．その確認を行うには，距離計算，面積計算，オブジェクト情報，位置表示コマンドなどがある．

　　　　[ホーム] タブ **[ユーティリティ]**/**距離**　‥‥（指定した2点間の距離が計測できる）
　　　　[ホーム] タブ **[ユーティリティ]**/**半径**　‥‥（円弧・円の半径と直径が計測できる）
　　　　[ホーム] タブ **[ユーティリティ]**/**角度**　‥‥（角度が計測できる）
　　　　[ホーム] タブ **[ユーティリティ]**/**面積**　‥‥（面積が計測できる）

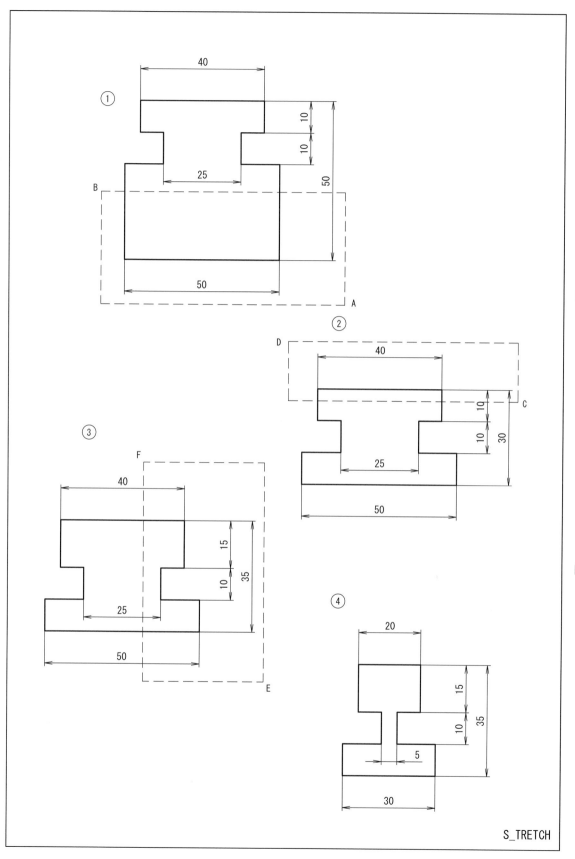

演習 3・20　尺 度 変 更

内　　　容	操　作　手　順
入力画面を準備する.	入力画面の設定方法 2 による.
①の図形を作成する.	演習 3・9 "ポリゴンと長方形の作成" を参照.
直径 20 mm の円の直径寸法を記入する. ①	[ホーム] タブ [注釈]/**直径寸法記入**　を（SEL） （円弧または円を選択：）　円周上の任意の点　を（SEL） （寸法線の位置を指定……：）　直径寸法を記入する位置　を（SEL）
寸法も含めた①の図形の大きさを 1.2 倍に変更する. ②	[ホーム] タブ [修正]/**尺度変更**　を（SEL） （オブジェクトを選択：）　交差選択で全オブジェクト　を（SEL） （オブジェクトを選択：）（右） （基点を指定：）　円の中心　をOスナップ （尺度を指定……：）　1.2　[Enter]
内接の円の直径が 24 mm から 18 mm になるように図形の大きさを変更する. ③	[ホーム] タブ [修正]/**尺度変更**　を（SEL） （オブジェクトを選択：）　P　[Enter] （オブジェクトを選択：）　[Enter] （基点を指定：）　円の中心　をOスナップ （尺度を指定……：）　**コマンドウィンドウ** の [参照(R)] を（SEL） （参照する長さを指定：）　24　[Enter] （新しい長さを指定……：）　18　[Enter]
正五角形の頂点 A から底辺の中点 B までの距離が 50 mm になるように図形の大きさを変更する. ④	[ホーム] タブ [修正]/**尺度変更**　を（SEL） （オブジェクトを選択：）　P　[Enter] （オブジェクトを選択：）　[Enter] （基点を指定：）　正五角形の頂点 A　をOスナップ（交点） （尺度を指定……：）　**コマンドウィンドウ** の [参照(R)] を（SEL） （参照する長さを指定：）　正五角形の頂点 A　をOスナップ（交点） （2 点目を指定：）　正五角形の底辺の中点 B　をOスナップ （新しい長さを指定……：）　50　[Enter]

TIPS　「参照」オプション

- 尺度変更コマンドで入力する尺度の値は，小数点入力（例：0.5）でも分数入力（例：1/2）でも可能である．ただし，分数入力の分母や分子の値に小数点を含む数値（例：2.5/5）を入力することはできない．このような場合は，「参照」オプションを使用し，たとえば，2.5/5 という尺度の場合は，「（参照する長さを指定：）　5，（新しい長さ：）　2.5」と入力する．

TIPS　寸法の自動調整

- 寸法を含めて尺度変更すると，寸法も自動調整され，寸法数値も自動的に変更される．

TIPS　「長さ変更」コマンド

- 線分の長さを変更するには，「長さ変更」コマンドが便利である．
  線分の長さを 10 mm 長くする：

  　　[ホーム] タブ [修正]/**長さ変更**　を（SEL）
  　　コマンドウィンドウ の [増減(DE)] を（SEL）
  　　　（増減の長さを入力？……：）　10　[Enter]　　　　　　　　　　　……（短くする場合はマイナスの値）
  　　　（変更するオブジェクトを選択……：）　線分　を（SEL）　　　……（伸ばす端点よりでオブジェクトを選択）

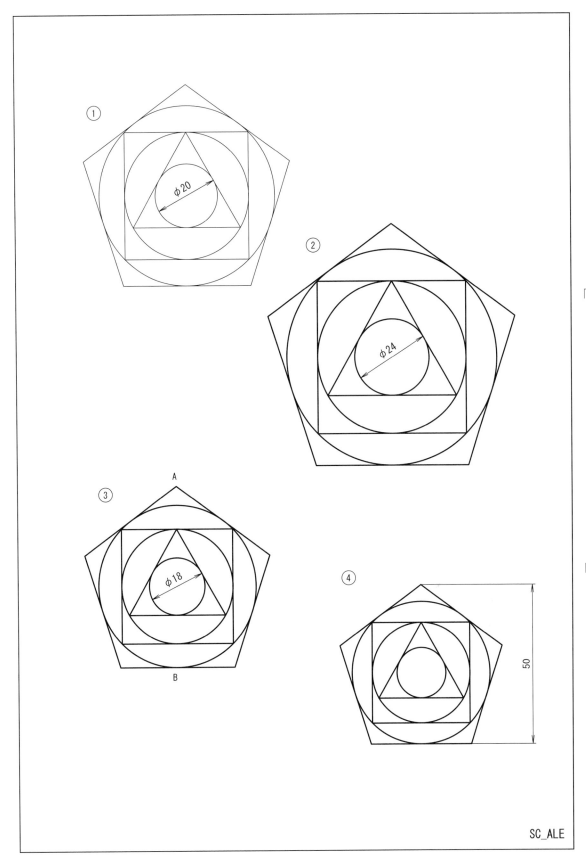

演習 3・20 尺度変更

SC_ALE

CHAPTER 3　CADの基本操作

演習3・21　トリムと延長

内　　容	操　作　手　順
入力画面を準備する．	入力画面の設定方法2による．
直径32 mmの円を作成する．	**[ホーム]** タブ **[作成]**/円/中心, 半径　を（SEL） （円の中心点……：）　画面上部の任意の点　を（SEL） （円の半径を指定……：）　16　[Enter]
直径32 mmの円の上側の四半円点に直径16 mmの円を作成する．①	**[ホーム]** タブ **[作成]**/円/中心, 半径　を（SEL） （円の中心点……：）　直径32 mmの円の上側の四半円点　をOスナップ （円の半径を指定……：）　8　[Enter]
直径16 mmの円を円形状に配列複写する．②	**[ホーム]** タブ **[修正]**/円形状配列複写　を（SEL） （オブジェクトを選択：）　直径16 mmの円　を（SEL） （オブジェクトを選択：）　（右） 以下略
直径32 mmの円の内側部分をトリムで消去する．③	**[ホーム]** タブ **[修正]**/トリム　を（SEL） （切り取りエッジを選択……：） （オブジェクトを選択……：）　直径32 mmの円　を（SEL） （オブジェクトを選択：）　（右） （トリムするオブジェクト……：）　トリムで消去する円弧　を（SEL） （トリムするオブジェクト……：）　トリムで消去する円弧　を（SEL） 途中略 （トリムするオブジェクト……：）　（右）**ショートカットメニュー** の **[Enter]** を（SEL）
任意の半径の円を2個作成する．	**[ホーム]** タブ **[作成]**/円/中心, 半径　を（SEL） 以下略
円と円を接線でつなぐ．④	**[ホーム]** タブ **[作成]**/線分　を（SEL） 以下略
接線の内側の円弧をトリムで消去する．⑤	**[ホーム]** タブ **[修正]**/トリム　を（SEL） （切り取りエッジを選択……：） （オブジェクトを選択……：）　接線　を（SEL） （オブジェクトを選択：）　もう1つの接線　を（SEL） （オブジェクトを選択：）　（右） （トリムするオブジェクトを選択……：）　トリムする円弧　を（SEL） 以下略
直径24 mmの円を作成する．	**[ホーム]** タブ **[作成]**/円/中心, 半径　を（SEL） 以下略
円に外接する正四角形を作成する．⑥	**[ホーム]** タブ **[作成]**/ポリゴン　を（SEL） 以下略
直径24 mmの円を外側に11 mmオフセットする．⑦	**[ホーム]** タブ **[修正]**/オフセット　を（SEL） 以下略
正四角形を4線分に分解する．	**[ホーム]** タブ **[修正]**/分解　を（SEL） （オブジェクトを選択……：）　正四角形　を（SEL） （オブジェクトを選択：）　（右）
外側の円まで正四角形の線分を延長する．⑧	**[ホーム]** タブ **[修正]**/延長　を（SEL） （境界エッジを選択……：） （オブジェクトを選択……：）　外側の円　を（SEL） （オブジェクトを選択：）　（右） （延長するオブジェクトを選択……：）　線分の端点　を（SEL） （延長するオブジェクトを選択……：）　線分の別の端点　を（SEL） 途中略 （延長するオブジェクトを選択……：）　（右）**ショートカットメニュー** の **[Enter]** を（SEL）

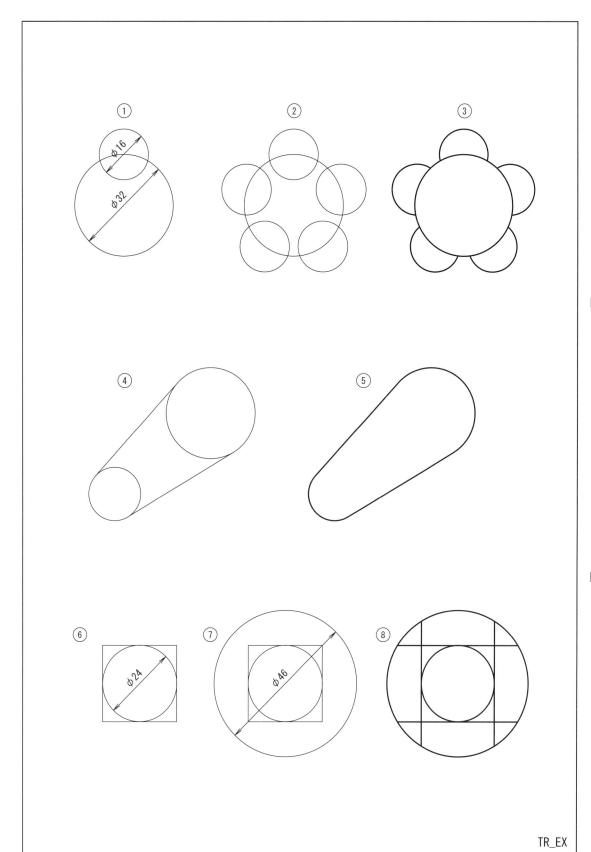

演習 3・22　部 分 削 除

内　　　容	操　作　手　順
入力画面を準備する.	入力画面の設定方法 2 による.
50 mm × 17.5 mm の四角形 ABCD を作成する. ①	**[ホーム]** タブ **[作成]**/**線分**　を（SEL） 以下略
線分 DC の左端から 25 mm 切り取る. ②	**[ホーム]** タブ **[修正]**/**部分削除**　を（SEL） （オブジェクトを選択：）　線分 DC　を（SEL） （部分削除する 2 点目を指定……：）　**コマンドウィンドウ** の **[1 点目(F)]** を（SEL） （部分削除する 1 点目を指定：）　端点 D　を O スナップ （部分削除する 2 点目を指定：）　@25, 0　[Enter]
任意の長さの線分を作成する.	**[ホーム]** タブ **[作成]**/**線分**　を（SEL） 以下略
線分の中点に直径 25 mm の円を作成する. ③	**[ホーム]** タブ **[作成]**/**円**/**中心, 半径**　を（SEL） 以下略
円の内側部分の線分を切り取る. ④	**[ホーム]** タブ **[修正]**/**部分削除**　を（SEL） （オブジェクトを選択：）　線分　を（SEL） （部分削除する 2 点目を指定……：）　**コマンドウィンドウ** の **[1 点目(F)]** を（SEL） （部分削除する 1 点目を指定：）　線分と円の交点　を O スナップ （部分削除する 2 点目……：）　もう一方の線分と円の交点　を O スナップ
一辺の長さが 25 mm の正四角形を作成する.	**[ホーム]** タブ **[作成]**/**ポリゴン**　を（SEL） 以下略
正四角形を右上側の任意の位置に, 重なるように複写する.	**[ホーム]** タブ **[修正]**/**複写**　を（SEL） 以下略
2 個の正四角形を 8 線分に分解する. ⑤	**[ホーム]** タブ **[修正]**/**分解**　を（SEL） （オブジェクトを選択：）　2 個の正四角形　を（SEL） （オブジェクトを選択：）　（右）
線分 EF を交点 P で分割する.	**[ホーム]** タブ **[修正]**/**部分削除**　を（SEL） （オブジェクトを選択：）　線分 EF　を（SEL） （部分削除する 2 点目を指定……：）　**コマンドウィンドウ** の **[1 点目(F)]** を（SEL） （部分削除する 1 点目を指定：）　交点 P　を O スナップ （部分削除する 2 点目を指定：）　@　[Enter] 　　　　　　　　　　　　　　　…‥（@ は直前に指定した位置を指示している.）
線分 EH を交点 Q で分割する.	**[ホーム]** タブ **[修正]**/**部分削除**　を（SEL） （オブジェクトを選択：）　線分 EH　を（SEL） （部分削除する 2 点目を指定……：）　**コマンドウィンドウ** の **[1 点目(F)]** を（SEL） （部分削除する 1 点目を指定：）　交点 Q　を O スナップ （部分削除する 2 点目を指定：）　@　[Enter]
重なっている部分の線分 EP, EQ をかくれ線の画層を現在層にする. ⑥	線分 EP, EQ　を（SEL） （右）**ショートカットメニュー** の **[オブジェクトプロパティ管理]** を（SEL） プロパティパレットが表示される. [画層] を（SEL） 　▼ を（SEL） 　画層名 HIDDEN　を（SEL） ✕ を（SEL）　　　　　　　　　　　　　…‥（プロパティパレットを閉じる.） [Esc]

TIPS　オブジェクトの分割

- 部分削除コマンドでオブジェクト上の 1 点目と 2 点目を同じ位置に指定すると, その点でオブジェクトを分割したことになる.

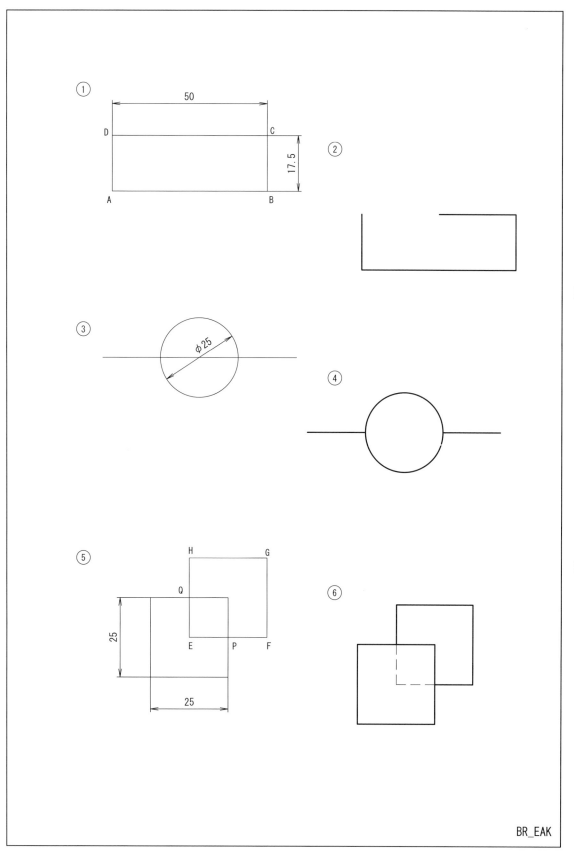

3・5 図面の縮尺・倍尺

ここでは，モデル空間に入力した図面の縮尺・倍尺の考え方，機能について習得する．実際の操作に入る前に，それぞれの機能の概要といくつかの主要な用語について解説する．

1. モデル空間で拡大する図面，倍尺する図面をつくる

① **モデル空間**　「入力画面を準備する．」で表示された画面を「モデル空間」という．図形を作成する場所である．モデル空間には領域の制限がない．どんな大きな図形でも実寸で作図することができる．図形の大きさに合わせて図面範囲を設定し，作図をしていく．実際の作業現場のようなイメージをもつとよい．

② **ワールド座標系**　モデル空間は固定のワールド座標系（WCS）で管理され，X，Y，Z の空間となっている．初期値によってオブジェクトの「厚さ」＝ 0，「高さ位置（高度）」＝ 0 に設定されているので，通常は，X 座標値と Y 座標値のみの入力で，2 次元の平面での作図ができる．画面の左下には，図3・55 のワールド座標系を表すアイコンが表示されている．このアイコンは，X 軸が水平で，Y 軸が垂直の方向を表している．原点（0，0）は，X 軸と Y 軸が交差する位置となる．

図3・55　ワールド座標系を表すアイコン

TIPS	ワールド座標系をユーザ座標系に変更する
■ ワールド座標系のアイコンを選択すると，原点を表わす□の位置にグリップが表示される．このグリップを選択して，自由に原点位置を動かせる．右クリックして表示されるショートカットメニューから，X 軸，Y 軸方向を図形に合わせて変更することができる．	
■ 座標系は，作業内容に応じて，原点の位置や，X 軸と Y 軸の方向を変更することができる．原点を動かすと，その位置から絶対座標値を使用して入力ができるので，作図が容易となる．変更された移動可能な座標系を固定のワールド座標系に対してユーザ座標系（UCS）と呼ぶ．ユーザ座標系が設定されると，画面左下のアイコンは，ワールド座標系のアイコンからユーザ座標系アイコンに変更される．	 ユーザ座標系を表すアイコン
■ ワールド座標系の原点の位置を図形上の端点に設定する手順	
ワールド座標系アイコン　を（SEL） 　原点位置□　を（SEL） 　オブジェクトの端点をOスナップ	
■ 原点の位置，X 軸と Y 軸の方向の位置を指定してユーザ座標系を設定する操作手順	
ワールド座標系アイコン　を（SEL） 　ワールド座標系アイコンにカーソルを合わせて 　（右）ショートカットメニュー の [3点] を（SEL） 　（新しい原点を指定：）原点に変更したい位置　を（SEL） 　（X 軸上での正の点を指定：）原点から X 軸上の正の方向の位置　を（SEL） 　（XY 平面の Y 座標上での正の点を指定）　[Enter]	

3・5 図面の縮尺・倍尺

③ **モデル空間での図面の縮尺** 基本的に，モデル空間で作図をするときは実寸であり，縮尺の考え方はもたない．印刷をするときに，自由に縮尺の設定をする．

実物そのままの大きさで描き，指定した用紙サイズに収まるように印刷尺度を指定して印刷する．そのとき，実物の設計内容を伝える注釈関連の図形，寸法図形，文字や線種に関しては，表現の尺度に気をつけなければならない．

手描きやほかの CAD と大きく異なるこの AutoCAD 特有の考え方に慣れるには，かなりの時間を要するであろう．すなわち，縮尺して印刷する場合は，用紙の大きさの何倍かの大きな領域を設定して作図をはじめる．倍尺して印刷する場合は，用紙の何分の 1 かの小さな領域を設定して作図をはじめる．どちらにしても，実物そのままの大きさで作図をすればよいので，入力しやすいし，仕上がりの正確さも望める．

この考え方に慣れるためにも，縮尺または倍尺する尺度のことを考慮にいれて，テンプレートファイルを作成しておくとよい．その場合，寸法図形や線種の尺度（目の粗さ）は，図形に合わせたイメージをもって設定しなければならないので，尺度の数値を考慮した設定が必要となる．文字を入力する場合も，尺度倍の数値を考慮した文字高さで入力する．

演習 3・23 では，注釈尺度を設定せず，異尺度対応機能を使用していないため，次のような設定をした．

● 線種の尺度を 50 倍に設定．

「入力画面の設定方法 2」で，acadltiso.lin ファイルからロードした線種を A4 縦の領域に合うようにもともと尺度を 0.5 倍にしているため，A4 縦の 100 倍の領域に合うように，この値からさらに 100 倍した新しい尺度 50 を設定した．

● 文字高さを 250 mm に設定．

文字の高さは，印刷された用紙上の文字高さを 2.5 mm にするため，印刷出力時に 1/100 に縮尺する場合，文字入力時の高さは，250 mm になる．

演習 3・25 の 10 倍の倍尺図面では，1/10 倍のため，線種の尺度は 0.05，文字入力時の高さは 0.25 mm となる．

④ **異尺度対応オブジェクト** 印刷するときの図面の尺度に合わせて，注釈の大きさを設定するという操作をわかりやすくするために，「異尺度対応」という設定がある．ハッチング，文字，寸法，幾何公差，マルチ引出線，ブロック，属性を異尺度対応に設定しておくことができる．

あらかじめステータスバー右下にある「現在のビューの注釈尺度」の欄から図面の印刷尺度を設定（図3・56）しておくと，異尺度対応オブジェクトは，その設定した尺度にもとづいて，自動的に適切なサイズで入力される．

TIPS	ユーザ座標系をワールド座標系に戻す

■ ユーザ座標系からワールド座標系に戻す操作手順

　　ユーザ座標系アイコン を（SEL）
　　　ユーザ座標系原点位置□ にカーソルを近づける ……（□の色が変わる）
　　ショートカットメニュー の ［ワールド］を（SEL）

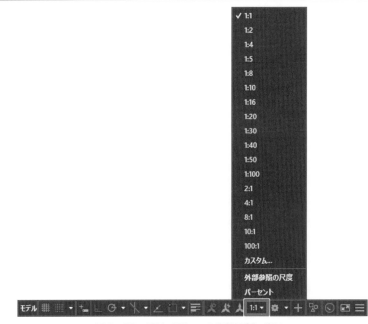

図3・56 ［現在のビューの注釈尺度］ボタン

たとえば，文字は，異尺度対応の設定をしていないと，印刷尺度の値を考慮した文字高さを計算し，入力時に指定しなければいけない（1：100で印刷する場合，出力時2.5 mmの文字は250 mmで入力する）．異尺度対応の設定（図3・57）をしておくと，用紙上の高さで指定することができる（用紙上のサイズ2.5 mmで入力する．自動的に図面上では注釈尺度1：100にもとづいて250 mmで入力される）．

図3・57 文字スタイルの異尺度対応の設定

図3・58 ［注釈尺度を変更したときに尺度対応オブジェクトに尺度を追加］アイコンボタン

印刷する尺度が途中で変更になった場合でも，ステータスバー右下の「注釈尺度を変更したときに尺度対応オブジェクトに尺度を追加」アイコンボタン（図3・58）をオンにしておくと，注釈尺度の設定を変更するだけで，自動的に，すべての異尺度対応オブジェクトの大きさが変更される（注釈尺度1：100の設定で250 mmで入力された文字は，1：50に変更すると125 mmになる）．

　寸法図形の異尺度対応は「寸法スタイル管理」の設定画面の「フィット」タブの寸法図形の尺度欄で設定する（図3・59）．

図3・59　寸法スタイルの異尺度対応の設定

　⑤　**注釈尺度と線種の表示尺度**　「線種管理」の設定画面には，異尺度対応を設定する項目はないが，「注釈尺度」を設定すると，その尺度に合わせて，線種の見映えが調整される（グローバル線種尺度の値が変更されるわけではない．あくまでも表示する尺度が注釈尺度に応じて調整される）．

　「注釈尺度」を変更する前に作図されているオブジェクトの線種の見映えは，注釈尺度を変更しても変更されない．再作図コマンド（キーボードからRE［Enter］と入力する）を実行すると注釈尺度の値に合わせて表示し直される．

　演習3・24，演習3・26では注釈尺度を設定し，異尺度対応機能を使用した．

　文字の入力に関しては，印刷尺度を考慮せず，用紙上の文字高さを指定できるので，わかりやすい（図3・60）．

　線種は，注釈尺度を考慮して表現される．わざわざ線種の尺度を印刷尺度に合わせて変更する必要がない．

図3・60

演習 3・23　縮尺する図面（1：100）

内　　　容	操　作　手　順
入力画面を準備する.	入力画面の設定方法 2 による.
図面範囲を A4 縦の 100 倍の大きさに変更する.	コマンドウィンドウに　LI　と入力 　一覧された中から　LIMIT　を（SEL） 　（左下コーナーを指定……：）　0, 0　［Enter］ 　（右上コーナーを指定……：）　21000, 29700　［Enter］
図面全体を画面で表示する.	**ナビゲーションバー**　の［**図面全体ズーム**］を（SEL）
グリッド間隔を変更する.	**ステータスバー**　の［**作図グリッドを表示**］を（右）［**グリッドの設定…**］を（SEL） グリッド間隔欄 　（グリッド X 間隔：）　1000　と入力 　（グリッド Y 間隔：）　1000　と入力 ［OK］を（SEL）
線種の尺度を変更する.	［**ホーム**］タブ［**プロパティ**］線種欄▼　を（SEL） ［**その他**］を（SEL） 　（グローバル線種尺度：）　50　と入力 ［OK］を（SEL）
寸法図形の大きさを実際の品物の大きさに合わせる. A4 縦で設定した寸法スタイルを使用して，大きさに関してのみ変更する.	［**注釈**］タブ［**寸法記入**］のダイアログボックスランチャーの矢印　を（SEL） ［**修正**］を（SEL） ［**フィット**］タブ　を（SEL） 寸法図形の尺度欄 　（全体の尺度：）　100　と入力 ［OK］を（SEL）　//　［閉じる］を（SEL）
テンプレートとして保存する.	**クイックアクセスツールバー**　の［**名前を付けて保存…**］を（SEL） 　（ファイルの種類：）　AutoCAD LT 図面テンプレート　を（SEL） 　（ファイル名：）　a4_1_100　と入力 ［保存］を（SEL） ［OK］を（SEL）
中心線を作成する.	CENTER の画層を現在層にする.　　　　　　　　　　　……（**2・9** 節参照） ［**ホーム**］タブ［**作成**］/**線分**　を（SEL） 　以下略
中心線の上端近くに半径 2000 mm の円弧を作成する.	OBJECTS の画層を現在層にする. ［**ホーム**］タブ［**作成**］/**円弧**/**始点, 終点, 角度**　を（SEL） 　（円弧の始点……：）　中心線の上端近く　を O スナップ（近接点） 　（円弧の終点を指定：）　@2000，−2000　［Enter］ 　（中心角を指定：）　90　［Enter］
いま作成した円弧を指定した位置に連続複写する.	［**ホーム**］タブ［**修正**］/**複写**　を（SEL） 　（オブジェクトを選択：）　円弧　を（SEL） 　（オブジェクトを選択：）　（右） 　（基点を指定……：）　円弧の上側の端点　を O スナップ 　（2 点目を指定……：）　@500，−2500　［Enter］ 　（2 点目を指定……：）　@1000，−5000　［Enter］ 　（2 点目を指定……：）　@1500，−7500　［Enter］ 　（2 点目を指定……：）　［Enter］
いま作成した 4 円弧を，中心線を対称に鏡像を作成する.	［**ホーム**］タブ［**修正**］/**鏡像**　を（SEL） 　（オブジェクトを選択：）　4 円弧　を（SEL） 　以下略
線分を作成する.	［**ホーム**］タブ［**作成**］/**線分**　を（SEL） 　以下略
寸法を記入する.	DIMS の画層を現在層にする. ［**ホーム**］タブ［**寸法**］/**半径寸法記入**　を（SEL） 　以下略
文字を記入する.	TEXT の画層を現在層にする. ［**ホーム**］タブ［**注釈**］/**文字記入**　を（SEL） 　（文字列の始点を指定……：）　任意の点　を（SEL） 　（高さを指定：）　250　［Enter］ 　（文字列の角度を指定：）　0　［Enter］ 　（1：100）　［Enter］ 　［Enter］

3・5 図面の縮尺・倍尺

(1:100)

演習 3・23 縮尺する図面(1:100)

SC_1_100

CHAPTER 3　CADの基本操作

⇄ **演習 3・24　縮尺する図面（1：100）　異尺度対応機能を使用する**

内　　　容	操　作　手　順
入力画面を準備する．	入力画面の設定方法 2 による．
図面範囲を A4 縦の 100 倍の大きさに変更する．	コマンドウィンドウに　LI　と入力 　　一覧された中から　LIMITS　を（SEL） 　（左下コーナーを指定：）　0，　0　［Enter］ 　（右上コーナーを指定：）　21000，　29700　［Enter］
図面全体を画面で表示する．	**ナビゲーションバー** の **［図面全体ズーム］** を（SEL）
グリッド間隔を変更する．	**ステータスバー** の **［作図グリッドを表示］** を（右）**［グリッド設定…］** を（SEL） グリッド間隔欄 　（グリッド X 間隔：）　1000　と入力 　（グリッド Y 間隔：）　1000　と入力 　［OK］を（SEL）
注釈尺度を 1：100 に設定する．	**ステータスバー** の **［現在のビューの注釈尺度］** を（SEL） 　1：100　を（SEL）
注釈尺度が変更されたときに，自動的に異尺度対応オブジェクトの大きさが更新されるように設定する．	**ステータスバー** の **［注釈尺度を変更したときに異尺度対応オブジェクトに尺度を追加］** をオンにする．
寸法スタイルを異尺度対応に設定する．	**［注釈］**タブ**［寸法記入］**のダイアログボックスランチャーの矢印　を（SEL） 　［修正］を（SEL） 　［フィット］タブ　を（SEL） 　寸法図形の尺度欄 　　□異尺度対応　を（SEL）　　　　　　　　　　　　　　…（✔をつける） 　［OK］を（SEL） 　［閉じる］を（SEL）
文字スタイルを異尺度対応に設定する．	**［注釈］**タブ**［文字］**のダイアログボックスランチャーの矢印　を（SEL） 　サイズ欄 　　□異尺度対応　を（SEL）　　　　　　　　　　　　　　…（✔をつける） 　［適用］を（SEL） 　［閉じる］を（SEL）
テンプレートとして保存する．	**クイックアクセスツールバー** の **［名前を付けて保存…］** を（SEL） 　（ファイルの種類：）　AutoCAD LT 図面テンプレート　を（SEL） 　（ファイル名：）　a4_1_100_2　と入力 　［保存］を（SEL） 　［OK］を（SEL）
図形を作成する．	CENTER の画層を現在層にする． **［ホーム］**タブ**［作成］**/**線分**　を（SEL） 以下略
寸法を記入する．	DIMS の画層を現在層にする． **［ホーム］**タブ**［寸法］**/**半径寸法記入**　を（SEL） 以下略
文字を記入する．	TEXT の画層を現在層にする． **［ホーム］**タブ**［注釈］**/**文字記入**　を（SEL） 　（文字列の始点を指定……：）　任意の点　を（SEL） 　（用紙上の文字の高さを指定：）　2.5　［Enter］ 　（文字列の角度を指定：）　0　［Enter］ 　（1：100）　［Enter］ 　［Enter］

3・5 図面の縮尺・倍尺

(1:100)

演習 3・24　縮尺する図面（1:100）異尺度対応機能を使用する

SC_1_100

CHAPTER 3　CADの基本操作

⇌　演習 3・25　倍尺する図面（10：1）

内　　　容	操　作　手　順
入力画面を準備する．	入力画面の設定方法 2 による．
図面範囲を A4 縦の 1/10 の大きさに変更する．	コマンドウィンドウに　LI　と入力 　一覧された中から　LIMITS　を（SEL） （左下コーナーを指定……：）　0，0　[Enter] （右上コーナーを指定……：）　21，29.7　[Enter]
図面全体を画面で表示する．	ナビゲーションバー の［図面全体ズーム］を（SEL）
グリッド間隔を変更する．	ステータスバー の［作図グリッドを表示］を（右）［グリッド設定…］を（SEL） グリッド間隔　欄 （グリッド X 間隔：）　1　と入力 （グリッド Y 間隔：）　1　と入力 [OK] を（SEL）
線種の尺度を変更する．	［ホーム］タブ［プロパティ］線種欄▼　を（SEL）//［その他］を（SEL） （グローバル線種尺度：）　0.05　と入力 [OK] を（SEL）
寸法図形の大きさを実際の品物の大きさに合わせる． A4 縦で設定した寸法スタイルを使用して，大きさに関してのみ変更する．	［注釈］タブ［寸法］のダイアログボックスランチャーの矢印　を（SEL） ［修正］を（SEL） ［フィット］タブ　を（SEL） 寸法図形の尺度欄 　（全体の尺度：）　0.1　と入力 [OK] を（SEL）//［閉じる］を（SEL）
テンプレートとして保存する．	クイックアクセスツールバー の［名前を付けて保存…］を（SEL） （ファイルの種類：）　AutoCAD LT 図面テンプレート　を（SEL） （ファイル名：）　a4_10_1　と入力 ［保存］を（SEL）//[OK] を（SEL）
線分 AB を作成する．	OBJECTS の画層を現在層にする． ［ホーム］タブ［作成］/線分　を（SEL） 　以下略
線分 CD を作成する．	［ホーム］タブ［作成］/線分　を（SEL） 　以下略
線分 AB を左右に，線分 CD を上側にオフセットする．	［ホーム］タブ［修正］/オフセット　を（SEL） （オフセット距離を指定……：）　0.75　[Enter] （オフセットするオブジェクト……：）　線分 AB　を（SEL） （オフセットする側の点を指定……：）　線分 AB の左側　を（SEL） （オフセットするオブジェクト……：）　線分 AB　を（SEL） （オフセットする側の点を指定……：）　線分 AB の右側　を（SEL） （オフセットするオブジェクト……：）　コマンドウィンドウ の［終了(E)］を（SEL） 　以下略
不要部分をトリムで消去する．	［ホーム］タブ［修正］/トリム　を（SEL） （オブジェクトを選択……：）（右）　　…（すべてのオブジェクトが切り取りエッジとなる） 　以下略
中心線を CENTER の画層に移動する．	中心線となる線分　を（SEL） ［ホーム］タブ［画層］画層名表示欄▼　を（SEL） 　画層名　CENTER　を（SEL） [Esc]
寸法を記入する．	DIMS の画層を現在層にする． 　以下略
文字を記入する．	TEXT の画層を現在層にする． ［ホーム］タブ［注釈］/文字記入　を（SEL） （文字列の始点を指定……：）　任意の点　を（SEL） （高さを指定：）　0.25　[Enter] （文字列の角度を指定：）　0　[Enter] （10：1）[Enter] [Enter]

3・5 図面の縮尺・倍尺

図3・25 倍尺する図面（10：1）

演習3・26　倍尺する図面（10：1）　異尺度対応機能を使用する

内　　容	操　作　手　順
異尺度対応の設定済みテンプレートで入力画面を準備する．	[ファイル]/**新規作成…** を（SEL） （ファイル名：）　a4_1_100_2　を（SEL） [開く] を（SEL）
図面範囲をA4縦の1/10倍の大きさに変更する．	コマンドウィンドウに　LI　と入力 　一覧された中から　LIMITS　を（SEL） （左下コーナーを指定：）　0，0　[Enter] （右上コーナーを指定：）　21，29.7　[Enter]
図面全体を画面で表示する．	**ナビゲーションバー** の [図面全体ズーム] を（SEL）
グリッド間隔を変更する．	**ステータスバー** の [作図グリッド表示] を（右）[**グリッドの設定…**] を（SEL） グリッド間隔欄 （グリッドX間隔：）　1　と入力 （グリッドY間隔：）　1　と入力 [OK] を（SEL）
注釈尺度を10：1に設定する．	**ステータスバー** の [**現在のビューの注釈尺度**] を（SEL） 10：1　を（SEL）
テンプレートとして保存する．	**クイックアクセスツールバー** の [**名前を付けて保存…**] を（SEL） （ファイルの種類：）　AutoCAD LT 図面テンプレート　を（SEL） （ファイル名：）　a4_10_2　と入力 [保存] を（SEL） [OK] を（SEL）
図形を作成する．	OBJECTS の画層を現在層にする． [**ホーム**] タブ [**作成**]/**線分** を（SEL） 以下略
寸法を記入する．	DIMS の画層を現在層にする． 以下略
文字を記入する．	TEXT の画層を現在層にする． [**ホーム**] タブ [**注釈**]/**文字記入** を（SEL） （文字列の始点を指定……：）　任意の点　を（SEL） （用紙上の文字の高さを指定：）　2.5　[Enter] （文字列の角度を指定：）　0　[Enter] （10：1）　[Enter] [Enter]

3・5 図面の縮尺・倍尺

(10:1)

演習 3・26 倍尺する図面（10：1）異尺度対応機能を使用する

SC_10

2. ペーパー空間のレイアウト機能

① **ペーパー空間** モデル空間に作図したオブジェクトを印刷するために，印刷レイアウトを設定しておく画面を「ペーパー空間」という．

② **レイアウト** 印刷レイアウトは1通りではなく，1枚の図面から何通りも設定しておくことができる．モデル空間からもそのままの画面表示イメージで，1種類の印刷尺度を設定して印刷することができるが，ペーパー空間では，1枚の用紙上で，複数の印刷尺度をレイアウト設定することができるので，部分拡大図を表現する場合に必要となる．

レイアウトでは，印刷する用紙の設定を行う．また，図面枠や図面タイトル，注釈などをモデル空間と同様の操作で入力することができる．

作図画面左下にある，切り替えのタブで，モデル空間の表示とペーパー空間上のレイアウト表示を切り替える（図3・61）．

ペーパー空間のレイアウトでは，画面左下に，図3・62のアイコンが表示される．

図3・61　モデル空間とペーパー空間のレイアウトの切り替えタブ

図3・62　ペーパー空間のレイアウトで表示されるアイコン

③ **ビューポート** モデル空間に作図したオブジェクトを印刷するために，ペーパー空間のレイアウト上にビューポートを作成し，並べてレイアウトする．ビューポートは，モデル空間のオブジェクトをある視点から見ている窓のようなものだ．モデル空間のオブジェクトをさまざまな方向から見ることができ，尺度を設定することができる．ビューポートは，他のオブジェクトと同様に移動コマンドで位置を移動したり，ストレッチコマンドで大きさを変更できる．グリップ機能を用いてもよい．

部分拡大図を表現する場合は，全体図のビューポートとその一部の拡大したい部分を表示するビューポートを並べ，それぞれのビューポートに違う尺度を設定する．

図3・63　3つのビューポートを作成したレイアウト画面

④ **ビューポート尺度**　レイアウト上でビューポートの枠線を選択すると，画面右下，ステータスバーに「選択されたビューポート尺度」を設定するアイコンボタンが表示される（図3・64）．ボタンを選択して一覧からビューポート尺度を設定すると，注釈尺度も同じ値に設定される．

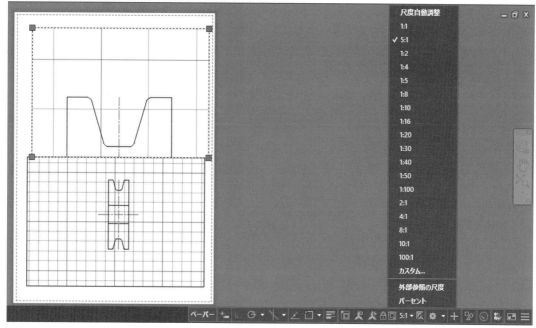

図3・64　選択されたビューポートの尺度設定

⑤ **レイアウトでの異尺度対応オブジェクト**　ビューポートごとの注釈尺度の値に基づいて，異尺度対応オブジェクトの大きさは調整される．寸法図形や文字など，異尺度対応に設定をしておけば，違う尺度が設定されたどのビューポート内でも，一定の大きさで表現される．

たとえば，全体図と部分拡大図といった違う尺度で表現するビューポート内のオブジェクトにそれぞれ寸法を入力する場合，異尺度対応の設定をしていない寸法スタイルでは，部分拡大図のビューポートで入力した寸法は，全体図の寸法に比べて大きくなる．したがって，ビューポートごとの寸法スタイルを作成する必要がある（図3・65）．

図3・65　異尺度対応に設定していない寸法を入力した例

部分拡大図（5：1）のビューポート内で入力した寸法図形は，全体図（1：1）のビューポートでも表示され，全体図の5倍の大きさで入力される．

図3・66　異尺度対応に設定した寸法を入力した例

部分拡大図（5：1）で入力した長さ寸法も全体図（1：1）で入力した角度寸法も同じ大きさの寸法図形で入力される．入力した寸法図形は，別のビューポートでは表示されない．（「注釈可視性」ANNOALLVISIBLE 変数＝0の場合）

　寸法スタイルで異尺度対応の設定をしておけば，ビューポートの注釈尺度に合わせた大きさが計算され，同じ大きさで寸法図形は表現される（図3・66）．

　⑥　**ビューポートごとの注釈オブジェクトの表示**　ステータスバーの「注釈オブジェクトを表示」を設定するアイコンボタン（図3・67）では，注釈尺度ごとに各ビューポートで入力した寸法図形を，注釈尺度が違う他のビューポートで表示するかどうかを設定できる．

図3・67　［注釈オブジェクトを表示］アイコンボタン

　既定値ではボタンの設定がオフで，ビューポートの尺度に合っている寸法図形のみが表示される（図3・68）．設定をオンにすると，それぞれのビューポートでそれぞれの注釈尺度で入力されたすべての寸法図形が，どのビューポートにも表示される（図3・69）．部分拡大図に入力した寸法を全体図で表示したくない場合，わざわざ画層の制御をしなくてもよい．

　この設定は，寸法図形だけでなく，すべての異尺度対応オブジェクトの表示／非表示に対応する．

図3・68　設定がオフの場合
ビューポートごとに，そのビューポートの尺度で入力した寸法図形のみ表示

図3・69　設定がオンの場合

⑦ **ビューポート尺度と線種の尺度** 「線種管理」の設定画面に,「尺度設定にペーパー空間の単位を使用」という設定項目がある（図3・70）．この設定にチェックをすると，ビューポート尺度に合わせて線種の尺度が調整される（図3・71）．

図3・70 「尺度設定にペーパー空間の単位を使用」を設定

図3・71 「尺度設定にペーパー空間の単位を使用」を設定している例
中心線が部分拡大図（5:1），全体図（1:1）のどちらのビューポートでも，同じ目の粗さで表示される．

図3・72 「尺度設定にペーパー空間の単位を使用」を設定していない例
中心線が部分拡大図（5:1）のビューポートでは，全体図（1:1）の5倍の目の粗さで表示される．

⑧ **ペーパー空間でモデル空間のオブジェクトを修正** 画面がペーパー空間のレイアウト表示になっていると，ペーパー空間で作図された図形や文字，またビューポートの枠がオブジェクトとして管理されているので，ビューポートの中に見えている内容は修正することができない．

レイアウト作業中に，モデル空間で作図された図形を修正する場合は，画面右下ステータスバーの［ペー

パー］を選択する（図3・73）．ビューポート枠内をダブルクリックしてもよい．表示が［モデル］になる（図3・74）．ビューポート左下に座標系アイコンが表示され，ビューポート枠が太線になる（図3・75），そのビューポートからモデル空間へ入っていくことができ，表示されているオブジェクトを修正することができる．どのビューポートから入って，オブジェクトを修正するのかは，ビューポートの中をクリックするだけで選択できる．選択されているビューポートが太線になる．

　図面に大幅な変更が生じた場合は，画面左下の「モデル」タブを選択して，レイアウト表示をやめて，モデル空間に画面を戻して修正作業をしたほうがよい（図3・76）．

図3・73　ステータスバーの［ペーパー］ボタン
ビューポート内のオブジェクトを修正するときに選択する．選択すると［モデル］の表示になる．

図3・74　ステータスバーの［モデル］ボタン表示
各ビューポートからオブジェクトを修正できる状態．

図3・75　ペーパー空間でモデル空間のオブジェクトが修正できる状態の画面

図3・76　ペーパー空間からモデル空間に切り替える

⑨　**ビューポートでの画層の制御**　レイアウト上で，各ビューポート内の画層を制御することができる．レイアウト上でビューポート枠内をダブルクリックし，［ホーム］タブ［画層］/画層プロパティ管理を実行すると，ビューポートの色や線種，線の太さを設定する項目が表示される（図3・77）．

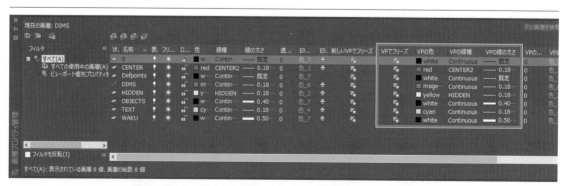

図3・77　レイアウト上のビューポートごとの画層プロパティ管理画面

3・5　図面の縮尺・倍尺

あらかじめ設定してある内容と違う設定をすることができる．また，ビューポートごとに画層のフリーズの設定ができる（図3・78）．

図3・78　各ビューポートでの画層プロパティ

TIPS　レイアウトの印刷

■ ペーパー空間でレイアウト作成した図面の印刷は，
　　印刷領域欄　印刷対象を「レイアウト」にする．
　　印刷尺度欄　尺度は1：1になる．

TIPS　再作図コマンド

■ 再作図コマンドは，すべてのオブジェクトの画面座標表示を再計算して，図面全体を再作図し，画面表示やオブジェクト選択が最適な状態で行えるようになる．
作図過程で，円や楕円などの曲線部分がだんだんと滑らかでなくなってくるときも，再作図コマンドを実行するとよい．

　　再作図コマンドを実行する操作手順
　　キーボードから　RE　[Enter]

TIPS　レイアウトをモデル空間に書き出す

■ レイアウト上に表現した全体図と部分拡大図をそのままのイメージで，新規の図面でペーパー空間の内容ではなく，モデル空間上に表現された状態で書き出すことができる．
拡大図は全体図の一部が拡大された図形で表現され，入力されている寸法の値は，自動的にビューポート尺度5：1の値を考慮して，実長の1/5の数値となる．
レイアウトの設定を認識しない他のCADソフトに，DXFファイルとして渡す場合などに利用するとよい．

CHAPTER 3　CADの基本操作

演習3・27　レイアウトを作成する（部分拡大図）

内　　　容	操　作　手　順
入力画面を準備する.	入力画面の設定方法2による.
図形を作成する．①	画面ほぼ中央に図形①を作成する．　　　　……（図形①の寸法はp.129を参照）
寸法スタイルを異尺度対応に設定する． （ビューポートごとの尺度で調整されるようになる．）	［注釈］タブ［寸法記入］のダイアログボックスランチャーの矢印　を（SEL） 　［修正］を（SEL） 　［フィット］タブ　を（SEL） 　寸法図形の尺度欄 　　□異尺度対応　を（SEL）　　　　　　　　　　　　　　　…（✔をつける） 　［OK］を（SEL） 　［閉じる］を（SEL）
レイアウトを新規作成する．	画面左下レイアウトタブの［レイアウト1］を（右） **ショートカットメニュー** の**［レイアウトを新規作成］**を（SEL）
レイアウトの名前を変更する．	新しく作成されたレイアウトタブ［レイアウト3］を（右） **ショートカットメニュー** の**［名前変更］**を（SEL） L-1　と入力し［Enter］
印刷するためにページ設定する．	名前を変更したレイアウトタブ［L-1］を（SEL） **［ホーム］**タブ**［修正］**/削除　を（SEL） 　（オブジェクトを選択：）レイアウト上のビューポート枠線　を（SEL） 　（オブジェクトを選択：）（右） 　　　　　　　　　　　…（既定値でビューポートがひとつ配置されているのを消す） ［L-1］タブ　を（右）**ショートカットメニュー** の**［ページ設定管理...］**を（SEL） 　［修正］を（SEL） 　プリンタ／プロッタ欄 　　（名前：）使用するプリンタ名　を（SEL） 　用紙サイズ欄 　　（用紙サイズ：）A4　を（SEL） 　印刷領域欄 　　（印刷対象：）レイアウト　を（SEL） 　印刷尺度欄 　　（尺度：）1：1　を（SEL） 　印刷スタイルテーブル（ペンの割り当て）欄 　　monochrome.ctb　を（SEL） 　図面の方向欄 　　○縦　を（SEL）　　　　　　　　　　　　　　　　　　…（●をつける） 　［OK］を（SEL） 　［閉じる］を（SEL）

126

3・5 図面の縮尺・倍尺

①

② ビューポートをレイアウトする．

③ 図形の配置を整える．

④ ビューポートの尺度を設定する．

⑤ ビューポートの配置を整える．
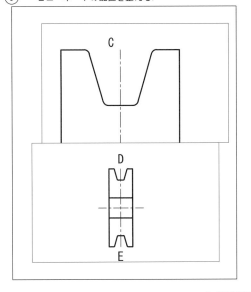

演習 3・27 レイアウトを作成する（部分拡大図）

P_SPACE2

ビューポートをレイアウトする.	**[レイアウト]** タブ **[レイアウトビューポート]**/名前の付いたビューポート を（SEL） 　**[新規ビューポート]** タブ を（SEL） 　　標準ビューポート欄 　　　**[2分割：横]** を（SEL） 　**[OK]** を（SEL） 　（1番目のコーナーを指定…：）A 点近くを（SEL） 　（もう一方のコーナーを指定：）B 点近くを（SEL）	
図形の配置をととのえる. ③ （図面の全体を表すビューポートを V-1，部分拡大図を表すビューポートを V-2 とする.）	**ステータスバー** の **[ペーパー]** を（SEL）　　　　　　　　　　　　　　　　　…（**[モデル]** になる） 　　　　　　　　　　　　　　　　　　　　　　　…（V-2 枠内をダブルクリックしてもよい） 　ビューポート V-2 枠内にワールド座標系アイコンが表示される. 　図③を参考に配置をととのえる. 　（V-1 の全体図は図形のビューポートの中央に配置されているのでそのままでよい） 　…（V-1 の枠が太く表示される） **ナビゲーションバー** の **[画面移動]** を（SEL） **ナビゲーションバー** の **[リアルタイムズーム]** を（SEL） 　　　　…拡大表示する部分がビューポートのほぼ中央に位置するように配置する）	
ビューポートの尺度を設定する. ④	**ステータスバー** の **[モデル]** を（SEL）　　　　　　　　　　　　　…（**[ペーパー]** になる） V-1 の枠上 を（SEL）　　　　　　　　　　　　　　　　　…（V-1 の枠が破線になる） **ステータスバー** の **[選択されたビューポート尺度]** を（SEL） 　　　　　　　　　　　　　　　　　　　　　　　　…（p.121 図 3・64 を参照） 　**[1：1]** を（SEL） 　**[Esc]** V-2 の枠上 を（SEL）　　　　　　　　　　　　　　　　　…（V-2 の枠が破線になる） **ステータスバー** の **[選択されたビューポート尺度]** を（SEL） 　**[カスタム…]** を（SEL） 　**[追加]** を（SEL） 　尺度名欄 　（尺度リストに表示される名前：）　5：1　と入力 　尺度プロパティ欄 　（用紙単位：）　5　と入力 　（作図単位：）　1　と入力 　**[OK]** を（SEL）// **[OK]** を（SEL） V-2 の枠上 を（SEL）　　　　　　　　　　　　　　　　　…（V-2 の枠が破線になる） **ステータスバー** の **[選択されたビューポート尺度]** を（SEL） 　**[5：1]** を（SEL）// **[Esc]**	
線種の表示をビューポート尺度に合うように，再作図する.	**ステータスバー** の **[ペーパー]** を（SEL）　　　　　　　　　…（**[モデル]** になる） V-1 の枠内 を（SEL） RE **[Enter]** V-2 の枠内 を（SEL） RE **[Enter]**	
ビューポートの配置を整える. ⑤	全体図と部分拡大図の中心線位置が合うように，ビューポートを移動する. **ステータスバー** の **[モデル]** を（SEL）　　　　　　　　　…（**[ペーパー]** になる） **[ホーム]** タブ **[修正]**/移動 を（SEL） 　（オブジェクトを選択：）　V-2 の枠上 を（SEL） 　（オブジェクトを選択：）　（右） 　（基点を指定……：）　V-2 で表示されている 　　　　　　　　　　　　　　中心線の端点 C を O スナップ 　（基点を指定……：）　V-1 で表示されている 　　　　　　　　　　　　　　中心線 DE 上の任意の点 O スナップ（垂線） 　p.127 図⑤を参考に移動する.	

演習3・27 レイアウトを作成（部分拡大図）

注釈可視性を確認する.	**ステータスバー** の **[注釈オブジェクトを表示]** を（SEL） 　　　　　　　　　　　……（ボタンがオフの状態：現在の尺度のみにする．p.122 図 **3・67** を参照）
全体図を拡大ズームする.	**ナビゲーションバー** の **[窓ズーム]** を（SEL） 以下略 　　　　　　　　　　　　　　　　　　……（全体図の図形を囲むようにズームする） レイアウト上でズームする．ビューポート内をモデル空間にしてからズームすると，ビューポート尺度が変更されるので注意する．
全体図に寸法を記入する.	**ステータスバー** の **[ペーパー]** を（SEL）　　　　　　　……（[モデル] になる） 　　　　　　　　　　　　　　　　……（V-1 枠内をダブルクリックしてもよい） V-1 の枠内　を（SEL）　　　　　　　　　……（V-1 の枠が太く表示される） DIMS の画層を現在層にする． **[ホーム]** タブ **[注釈]** /**長さ寸法記入**　を（SEL） 以下略
前画面ズームで前の表示状態に戻す.	**ステータスバー** の **[モデル]** を（SEL）　　　　　　……（[ペーパー] になる） **ナビゲーションバー** の **[前画面ズーム]** を（SEL）
部分拡大図の寸法を入力する部分を拡大ズームする.	**ナビゲーションバー** の **[窓ズーム]** を（SEL） 以下略　　　……（部分拡大図の寸法を入力する部分を囲むようにズームする） 寸法入力時，ビューポート内のモデル空間からズーム操作をすると，ビューポート尺度が変更されるので，注意する． 必ず，ズーム操作をする場合は，ペーパー上で行う．
部分拡大図に寸法を記入する.	**ステータスバー** の **[ペーパー]** を（SEL）　　　　　　……（[モデル] になる） 　　　　　　　　　　　　　　　　　……（V-2 の枠が太く表示される） **[ホーム]** タブ **[注釈]** /**長さ寸法記入**　を（SEL） 以下略
前画面ズームで前の表示状態に戻す.	**ステータスバー** の **[モデル]** を（SEL）　　　　　　……（[ペーパー] になる） **ナビゲーションバー** の **[前画面ズーム]** を（SEL）
ペーパー空間に文字を記入する.	TEXT の画層を現在層にする． **[ホーム]** タブ **[注釈]** /**文字記入**　を（SEL） 　（文字列の始点を指定……：） 　　　　　　部分拡大図ビューポート近くの任意の点　を（SEL） 　（高さを指定：）　3.5　[Enter] 　（文字列の角度を指定：）　0 　%%U　部分拡大図　（5：1）　%%U　[Enter] // [Enter]
ビューポートの枠を印刷されないようにする.	V-1, V-2 の枠　を（SEL） **[ホーム]** タブ **[画層]** 画層名表示欄 ▼ を（SEL） 　画層名　Defpoints　を（SEL）　　　　……（V-1, V-2 の枠を印刷しない） [Esc]
印刷する.	**クイックアクセスツールバー** の **[印刷]** を（SEL） 　1 シートの印刷を継続　を（SEL） [OK] を（SEL）
モデル空間に戻る.	画面左下 **[モデル]** タブ　を（SEL）　　　　　……（p.124 図 **3・76** 参照）

> **TIPS**　レイアウト上でも寸法記入はできる
>
> ■ 演習 **3・27** では，レイアウト上のビューポートからモデル空間に入っていき，モデル空間のオブジェクトに寸法を入力したが，ビューポートに表示されているオブジェクトに直接記入することもできる．レイアウト上のビューポートに写っているオブジェクトは，修正することはできないが，寸法を記入できる．オブジェクトスナップを使用して，表示されているオブジェクトの計測の起点を正確に指定できる．
> レイアウト上で，ビューポート内のオブジェクトに寸法記入すると，ビューポート尺度を認識し，表示されている大きさではなく，オブジェクトの実寸法が表記される．

TIPS　画層の設定状況を保存する

- 「画層プロパティ管理」画面の「画層状態管理」アイコンボタンで，画層の設定状況に名前を付けて保存しておくことができる．図面完成時や同様の画層状態の変更作業を繰り返すときなど，必要なときに状態を「復元」ボタンで設定状況を復元できる．「画層の表示/非表示」，「フリーズ/フリーズ解除」，「ロック/ロック解除」，「印刷する/しない」，また，「画層の色」，「線種」，［線の太さ］などの設定状況を保存できる．

TIPS　クイック選択

- オブジェクトの中から色や線種，図形の種類などの検索条件を設定し，オブジェクトを選び出すことが，クイック選択という機能でできる．
図面の中に作図されているオブジェクトの中で，画層 TEXT に作図されているオブジェクトをすべて選択する操作手順．

　　　（右）**ショートカットメニュー** の **[クイック選択...]** を（SEL）
　　　（適用先：）図面全体 を（SEL）
　　　（オブジェクトタイプ：）複数 を（SEL）
　　　（プロパティ：）画層 を（SEL）
　　　（演算子：）=等しい を（SEL）
　　　（値：）TEXT を（SEL）//［OK］を（SEL）

3・6　ブロック図形の活用

① **ブロック作成**　繰り返し使用される記号や部品図形は，ブロックとして作成しておくとよい．定義されたブロック図形は図面に挿入できる．

ブロックを定義するときに，挿入基点を決めておけるので，ブロックを挿入するときは，正確な位置に配置できる．

ブロック図形は，ファイルとして書き出すこともできる．

ブロック作成は［挿入］タブ［ブロック定義］/ブロック作成　コマンドで実行する（図3・79）．

ブロック図形をファイルとして書き出すには，［挿入］タブ［ブロック定義］/ブロック書き出し　コマンドで実行する（図3・80）．

図3・79　ブロック作成アイコンボタン

図3・80　ブロック書き出しアイコンボタン

② **ブロック挿入**　ブロックを定義した図面で，そのブロックをいつでも必要なときに挿入できる．再度作図するという手順が省け，ひとまとまりの図形になり，扱いやすくなるため，作業効率が上がる．

大きさや角度（向き）を変更してブロックを挿入できる．

ファイルとして書き出したブロックは，他の図面でも挿入することができる．また，他の図面ファイルをブロックとして挿入することもできる．

ブロック挿入は，［挿入］タブ［ブロック］/挿入　コマンドで実行する（図3・81）．挿入コマンドのアイコンボタンを選択すると，定義されているブロックのリボンギャラリー画面が表示される（図3・82）．ブロックの大きさ，向きに変更がなければギャラリーからアイコンを選択するとよい．大きさや向きを変更してブロックを挿入するときは「その他オプション…」を選択する（図3・83）．

図3・81　ブロック挿入アイコンボタン

図3・82　ブロックギャラリー

図3・83　その他のオプションを選択して表示される画面

③　DesignCenter　[表示] タブ [パレット]/DesignCenter コマンドを実行すると（図3・84），「DesignCenter」ウィンドウが表示され，他の図面がもっているブロックを作図中の図面に挿入することができる．

「DesignCenter」ウィンドウの左側の欄ではファイルが一覧され，呼び出したいブロックをもっているファイルを選択する．ファイルを選択しにくい場合は，ロードアイコンを使用するとよい．図面ファイルを開くときと同じ操作で挿入したいブロックをもっているファイルを見つけることができる（図3・85）．

図3・84　デザインセンター

「DesignCenter」ウィンドウからブロックを挿入する場合は，ブロックアイコンをダブルクリックすると，「ブロック挿入」コマンドと同様の手順となる．ブロックを定義したときと同じ大きさ，角度（向き）で挿入する場合，ドラッグ＆ドロップ操作でも挿入できる（図3・86）．

図3・85　DesignCenter ウィンドウ

図 3・86　ブロックアイコンをダブルクリックしてブロックが一覧された画面

　DesignCenter では，ブロック以外に，マルチ引出線スタイル，レイアウト，画層，外部参照，詳細ビュースタイル，寸法スタイル，線種，断面ビュースタイル，表スタイル，表示スタイル，文字スタイルを他の図面から挿入してくることができる．

　④　**ブロック属性**　ブロック図形に属性値を設定できる．属性値は，ブロック図形と一緒に表示することも非表示にすることもできる．可変データを設定した場合は，ブロック挿入時，設定したプロンプトに従って，データをそのつど入力できる．属性内容は図面から書き出すことができ，部品表を作成することができる．ブロック属性を定義するには，[挿入] タブ [ブロック定義]/属性定義 コマンドを実行する（図 3・87，図 3・88）．

図 3・87　属性定義アイコンボタン

図 3・88　属性定義画面

3・6 ブロック図形の活用

TIPS　ギャラリー表示のコントロール

- ブロック挿入コマンドを実行すると，リボンギャラリーが表示される．具体的なイメージ図からブロックを選択できる．挿入するブロックの大きさや角度を変更する場合は，「その他のオプション」を選択して，「ブロック挿入」画面を表示し，尺度や回転（向き）を変更できる．
ギャラリーの表示が必要ない場合は，GALLERYVIEW コマンドを実行して変更することができる．
ギャラリー表示は，ブロック挿入コマンド以外に，文字スタイル選択，寸法スタイル選択，マルチ引出線スタイル選択，表スタイル選択でも表示される．

- ギャラリー表示をオフにする：
    GALLERYVIEW　［ENTER］
    （GALLERYVIEW の新しい値を入力：）　0　［ENTER］　　・・・・（ギャラリー表示がオフになる　オンにする場合は値 1）

ブロック挿入のギャラリー表示

TIPS　ギャラリー

- 文字スタイル，寸法スタイル，マルチ引出線スタイルのスタイル変更にも，ギャラリー表示はわかりやすい．
たとえば，文字スタイルを複数作成しているとき，入力する文字を，どのスタイルで作成するのか注意する必要がある．
文字スタイル名表示欄を確認し，違うスタイルを用いる場合は，ギャラリー表示で変更できる．

文字スタイル，寸法スタイル，マルチ引出線スタイルのギャラリー表示をするボタン

文字スタイルのギャラリー表示

CHAPTER 3　CADの基本操作

⇌ 演習3・28　ブロック定義と挿入

現行図面でのみ使用できるブロック図形を定義し，挿入する．

内　　容	操　作　手　順
入力画面を準備する．	入力画面の設定方法2による．
ブロック図形として登録する図形のためにまず線分を作成する．①	0（ゼロ）の画層を現在層にする． ステータスバー の［カーソルの動きを直交に強制］を（SEL）‥‥（直交モードにする） ［ホーム］タブ［作成］/線分 を（SEL） 　以下略
不要部分をトリムで消去する．②	［ホーム］タブ［修正］/トリム を（SEL） 　以下略
角部を面取りまたはフィレットで丸める．③	省略
ブロック図形を登録する．	［挿入］タブ［ブロック定義］/ブロック作成 を（SEL） （名前：）B1 と入力 基点欄 ［挿入基点を指定］アイコン を（SEL） （挿入基点を指定：）ブロックにする図形の中点P をOスナップ オブジェクト欄 ［オブジェクトを選択］アイコン を（SEL） （オブジェクトを選択：）ブロックにする全オブジェクト を（SEL） （オブジェクトを選択：）（右） 〇削除 を（SEL）　　　　　　　　　　　　　　　　　‥‥（●をつける） ［OK］を（SEL）
ブロック図形を挿入する図形を作成する．	OBJECTSの画層を現在層にする． ［ホーム］タブ［作成］/線分 を（SEL） （1点目を指定：）画面左下の任意の点 を（SEL） 　以下略
A, B, C, D, E, Fの各位置にブロック図形を挿入する（挿入時の角度は，Cは－60度，D, Eは180度，Fは90度である）．	［挿入］タブ［ブロック］/挿入 を（SEL） （図面のもっているブロックがギャラリー表示される．挿入時に尺度や向きを変更する場合は［その他のオプション］を選択） ［その他のオプション］を（SEL） （名前：）B1 を（SEL） 挿入位置欄 　□画面上で指定 を（SEL）　　　　　　　　　　　　　　‥‥（✔をつける） 尺度欄 　□画面上で指定 を（SEL）　　　　　　　　　　　　　　‥‥（✔をつける） 回転欄 　□画面上で指定 を（SEL）　　　　　　　　　　　　　　‥‥（✔をつける） ［OK］を（SEL） （挿入位置を指定……：）線分LMの中点 をOスナップ （X方向の尺度……：）1 ［Enter］// （Y方向の尺度……：）1 ［Enter］ （回転角度を指定：）0 ［Enter］ （右）ショートカットメニュー の［繰り返し］を（SEL） 　以下略
ファイルを保存して閉じる．	アプリケーションメニュー の［閉じる］を（SEL） （Drawing1.dwgへの変更を保存しますか？）//［はい］を（SEL） （保存先：）保存するフォルダ を（SEL） （ファイル名：）B_LOCK と入力//［保存］を（SEL）

TIPS　角度寸法表記の精度を0d00'から0d（例：60°00'から60°）に変更する操作手順

変更する寸法値 を（SEL）
（右）ショートカットメニュー の［精度］を（SEL）
0 を（SEL）

3・6 ブロック図形の活用

ブロック図形

B_LOCK

演習 3・28　ブロック定義と挿入

CHAPTER 3 CADの基本操作

⇌ 演習 3・29　DesignCenter

DesignCenter を使用して，すでに定義されているブロック図形を挿入する．

内　　　容	操　作　手　順
新しい入力画面を準備する．	入力画面の設定方法2による．
ブロック図形を挿入する図形を作成するため，まず，中心線と円を作成する．①	OBJECTS の画層を現在層にする． **ステータスバー** の **［カーソルの動きを直交に強制］** を（SEL）‥‥（直交モードにする） **［作成］/線分** を（SEL） 以下略
水平と垂直の線分を左右と下側にオフセットする．②	**［ホーム］** タブ **［修正］/オフセット** を（SEL） 以下略
足らない部分は延長し，不要な部分はトリムで消去する．③	**［ホーム］** タブ **［修正］/延長** を（SEL） 以下略
丸めの部分に半径 5 mm の円を作成する．④	**［ホーム］** タブ **［作成］/円/接点, 接点, 半径** を（SEL） 以下略
不足部分を補い，不要部分はトリムで消去．図形を完成する．⑤	**［ホーム］** タブ **［修正］/トリム** を（SEL） 以下略
中心線を CENTER の画層を現在層にする．	変更する線分　を（SEL） **［ホーム］** タブ **［画層］** 画層名表示欄 ▼ を（SEL） 画層名　CENTER　を（SEL）
デザインセンターを使用して，ブロック図形を挿入する．	**［表示］** タブ **［パレット］/DesignCenter** を（SEL） 　DESIGNCENTER ウィンドウ　が表示される． 　［ロード］アイコン　を（SEL）　　　　　　　　　　‥‥（p.133 図 3・85 を参照） 　ロード画面 より 　（探す場所：）　図面ファイル B_LOCK が保存されているフォルダ　を（SEL） 　（ファイル名：）　B_LOCK　を（SEL） 　［開く］ を（SEL） 　DESIGNCENTER ウィンドウ　右欄より 　［ブロック］アイコン　をダブルクリック 　［B1］アイコン　をダブルクリック 　挿入位置欄 　　□画面上で指定　を（SEL）　　　　　　　　　　　　　　　‥‥（✔ をつける） 　尺度欄 　　□画面上で指定　を（SEL）　　　　　　　　　　　　　　　‥‥（✔ をつける） 　回転欄 　　□画面上で指定　を（SEL）　　　　　　　　　　　　　　　‥‥（✔ をつける） 　［OK］ を（SEL） 　（挿入位置を指定……：）　交点 A　を O スナップ 　（X 方向の尺度……：）　1　[Enter] 　（Y 方向の尺度……：）　1　[Enter] 　（回転角度を指定：）　0　[Enter] 　（右）**ショートカットメニュー** の **［繰り返し］** を（SEL） 　以下略 　DESIGNCENTER ウィンドウ の　❌ を（SEL）

TIPS　同じ名前のブロックに注意

■ DesignCenter を使用して，ほかの図面からブロックを挿入する場合，現行図面に同じ名前のブロック図形が定義されていないかどうかを確認する．同じ名前のブロック図形がすでに定義されていると，ほかの図面から挿入した同じ名前のブロックは現行図面のブロック図形に置き換わって挿入される．ブロックを定義するときに，ほかで使用されていないブロック名を付けるようにする．

TIPS　DesignCenter ウィンドウの配置

■ DesignCenter ウィンドウが画面中央部に表示された場合は，図面が見づらくなり，ブロックの挿入もしづらい．DesignCenter とタイトルが表示されている部分をマウスの左ボタンを押したままドラッグすると，自由に画面内で浮動させることができる．画面右側か左側にドッキングさせておくとよい．

演習 3・29 DesignCenter

演習 3・30　ブロックと属性定義

内　　容	操　作　手　順
入力画面を準備する．	入力画面の設定方法 2 による．
ブロック MARUSUJI として定義する図形のために円を作成する．	TEXT の画層を現在層にする． ［ホーム］タブ［作成］/円/中心, 半径　を（SEL） （円の中心点を指定……:）　任意の点　を（SEL） （円の半径を指定……:）　4　［Enter］
属性を定義する．	［挿入］タブ［ブロック定義］/属性定義　を（SEL） 属性欄 （名称：）　N-1　と入力 （プロンプト：）　NO ?　と入力 　　　　…（ブロック挿入時，コマンドウィンドウに表示されるメッセージとなる） （既定値：）　1　と入力　　　　　　　　　　　　…（属性値の初期値となる） 挿入点欄 　□画面上で指定　を（SEL）　　　　　　　　　　　　　　　　…（✔をつける） 文字設定欄 （位置合わせ：）　中央　を（SEL） （文字スタイル：）　TEXT-1　を（SEL） ［文字の高さ］5　と入力 ［回転角度］0　と入力 ［OK］を（SEL） （始点を指定：）　円の中心 A　をＯスナップ
ブロック名 SANKAKUSUJI として定義する図形のために，まず一辺 12 mm の正三角形を作成する．	［ホーム］タブ［作成］/ポリゴン　を（SEL） （エッジの数を入力：）　3　［Enter］ （ポリゴンの中心を指定……:）　**コマンドウィンドウ**　の［エッジ(E)］を（SEL） （エッジの 1 点目を指定：）　任意の点　を（SEL） （エッジの 2 点目を指定：）　@12, 0　［Enter］
高さ 12 mm の正三角形に尺度変更する．	［ホーム］タブ［修正］/尺度変更　を（SEL） （オブジェクトを選択：）　正三角形　を（SEL） （オブジェクトを選択：）　（右） （基点を指定：）　正三角形頂点 B　をＯスナップ （尺度を指定……:）　**コマンドウィンドウ**　の［参照(R)］を（SEL） （参照する長さを指定：）　正三角形頂点 B　をＯスナップ （2 点目を指定：）　正三角形の底辺の中点 C　をＯスナップ （新しい長さを指定……:）　12　［Enter］
正三角形に内接する円を作成する． （正三角形の中心を指定するため．）	［ホーム］タブ［作成］/円/接点, 接点, 接点　を（SEL） 以下略
属性を定義する．	［挿入］タブ［ブロック定義］/属性定義　を（SEL） 属性欄 （名称：）　N-2　と入力 （プロンプト：）　NO ?　と入力 　　　　…（ブロック挿入時，コマンドウィンドウに表示されるメッセージとなる） （既定値：）　1　と入力　　　　　　　　　　　　…（属性値の初期値となる） 挿入点欄 　□画面上で指定　を（SEL）　　　　　　　　　　　　　　　　…（✔をつける） 文字設定欄 （位置合わせ：）　中央　を（SEL） （文字スタイル：）　TEXT-1　を（SEL） ［文字の高さ］5　と入力 ［回転角度］0　と入力 ［OK］を（SEL） （始点を指定：）　正三角形に内接する円の中心　をＯスナップ

3・6 ブロック図形の活用

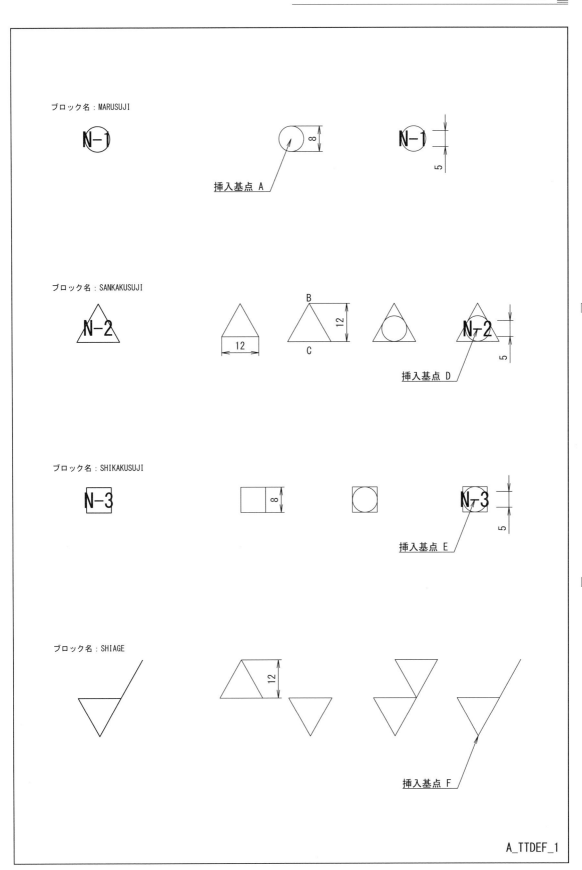

演習 3・30 ブロックと属性定義

A_TTDEF_1

ブロック名 SHIKAKUSUJI として定義する図形のために正方形を作成する．	[ホーム] タブ [作成]/長方形　を（SEL） （一方のコーナーを指定……：） 任意の点　を（SEL） （もう一方のコーナーを指定……：） @8，8　[Enter]
正方形に内接する円を作成する．（正方形の中心を指定するため．）	[ホーム] タブ [作成]/円/接点，接点，接点　を（SEL） 以下略
属性を定義する．	[挿入] タブ [ブロック定義]/属性定義　を（SEL） 属性欄 （名称：）　N-3　と入力 （プロンプト：）　NO？　と入力 　　　　　　　‥‥（ブロック挿入時，コマンドウィンドウに表示されるメッセージとなる） （既定値：）　1　と入力　　　　　　　　　　　　　‥‥（属性値の初期値となる） 挿入点欄 　□画面上で指定　を（SEL）　　　　　　　　　　　　　‥‥（✔をつける） 文字設定欄 （位置合わせ：）　中央　を（SEL） （文字スタイル：）　TEXT-1　を（SEL） [文字の高さ] 5　と入力 [回転角度] 0　と入力 [OK]　を（SEL） （始点を指定：）　正三角形に内接する円の中心　をOスナップ
ブロック名 SANKAKUSUJI の正三角形を複写して，ブロック名 SHIAGE として定義する図形を作成する．	ブロック名 SANKAKUSUJI の図形を複写する． [ホーム] タブ [修正]/複写　を（SEL） （オブジェクトを選択：）　ブロック名 SANKAKUSUJI の正三角形　を（SEL） （オブジェクトを選択：）　（右） 以下略
複写してきた正三角形を180度回転する．	[ホーム] タブ [修正]/回転　を（SEL） 以下略
回転した正三角形を複写する．	[ホーム] タブ [修正]/複写　を（SEL） 以下略
不要部分を消去して図形を完成する．	ポリゴン図形である正三角形を分解し，2本の線分を削除する． [ホーム] タブ [修正]/分解　を（SEL） （オブジェクトを選択：）　2本の線分を削除する正三角形　を（SEL） （オブジェクトを選択：）　（右） [ホーム] タブ [修正]/削除　を（SEL） 以下略
ブロック NOT として定義する図形を作成する．	OBJECTS の画層を現在層にする． 以下略
ブロック名 AND 以降の図形を作成する．	省略
ブロックとして定義する13個の図形を図面全体にうまく配置する．	省略
MARUSUJI をブロック図形として定義する．	[挿入] タブ [ブロック定義]/ブロック作成　を（SEL） （名前：）　MARUSUJI　と入力 基点欄 [挿入基点を指定] アイコン　を（SEL） （挿入基点を指定……：）　円の中心　をOスナップ オブジェクト欄 [オブジェクトを選択] アイコン　を（SEL） （オブジェクトを選択：）　MARUSUJI となるオブジェクト　を（SEL） （オブジェクトを選択：）　（右） ○削除　を（SEL）　　　　　　　　　　　　　　　‥‥（●をつける） [OK]　を（SEL）

3・6 ブロック図形の活用

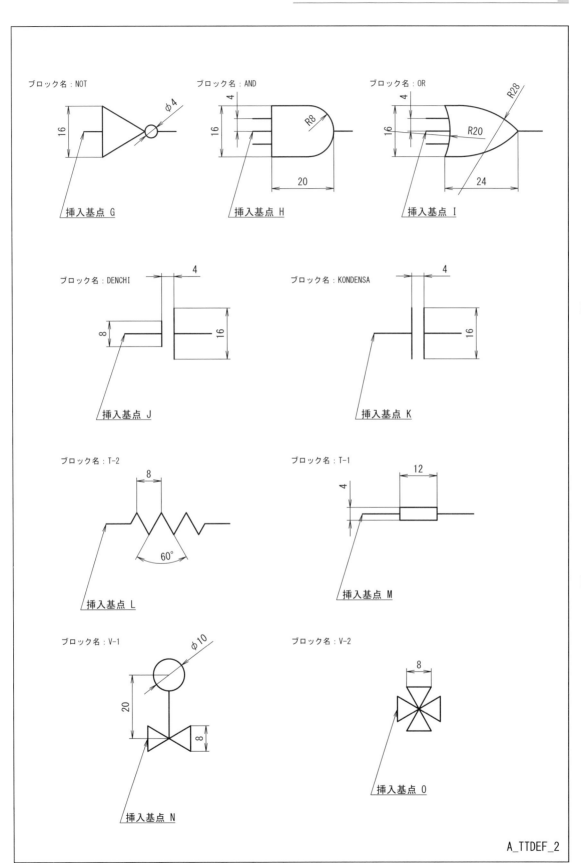

演習 3・30 ブロックと属性定義

A_TTDEF_2

SANKAKUSUJI をブロック図形として定義する.	（右）**ショートカットメニュー** の **[繰り返し]** を（SEL） （名前：） SANKAKUSUJI と入力 基点欄 [挿入基点を指定] アイコン を（SEL） （挿入基点を指定……：） 三角形に内接する円の中心 を O スナップ オブジェクト欄 [オブジェクトを選択] アイコン を（SEL） （オブジェクトを選択：） SANKAKUSUJI となるオブジェクト を（SEL） 　　　　　　　　　　　　　　　　　　　　　　　　……（内接円は含めない） （オブジェクトを選択：） （右） ○削除 を（SEL）　　　　　　　　　　　　　　　　……（●をつける） [OK] を（SEL）
同様の手順で，ブロック定義する.	省略
ファイルを保存して閉じる.	**アプリケーションメニュー** の **[閉じる]** を（SEL） （Drawing1.dwg への変更を保存しますか？） [はい] を（SEL） （保存先：） 保存するフォルダ を（SEL） （ファイル名：） KIGOU-1 と入力 [保存] を（SEL）
入力画面を準備する.	入力画面の設定方法 2 による.
図形①を作成する.（寸法は任意）	OBJECTS の画層を現在層にする. **[ホーム]** タブ **[作成]**/線分 を（SEL） 以下略
MARUSUJI を挿入する.	TEXT の画層を現在層にする. **[表示]** タブ **[パレット]**/**DesignCenter** を（SEL） 　DESIGNCENTER ウィンドウ が表示される. 　[ロード] アイコン を（SEL） 　ロード 画面より 　（探す場所：） KIGOU-1 が保存されているフォルダ を（SEL） 　（ファイル名：） KIGOU-1 を（SEL） 　[開く] を（SEL） 　DesignCenter ウィンドウ右欄 [ブロック] アイコン をダブルクリック 　[MARUSUJI] アイコン をダブルクリック 　挿入位置欄 　　□画面上で指定 を（SEL）　　　　　　　　　　　　　……（✔をつける） 　尺度欄 　　□画面上で指定 を（SEL）　　　　　　　　　　　　　……（✔をつける） 　回転欄 　　□画面上で指定 を（SEL）　　　　　　　　　　　　　……（✔をつける） 　[OK] を（SEL） （挿入位置を指定……：） 任意の点 を（SEL） （X 方向の尺度……：） 1 [Enter] （Y 方向の尺度……：） 1 [Enter] （回転角度を指定：） 0 [Enter]　　　……（「属性編集」画面が表示される） [OK] を（SEL）　　　　　　　　……（属性値初期値 1 のまま変更しない）
ブロック MARUSUJI を複写する.	**[ホーム]** タブ **[修正]**/複写 を（SEL） （オブジェクトを選択：） ブロック MARUSUJI を（SEL） （オブジェクトを選択：） （右） 以下略
数字を変更する.	**[挿入]** タブ **[ブロック]**/属性/属性編集... を（SEL） （ブロック参照を選択：） 変更するブロック図形 を（SEL） 　　　　　　　　　　　　　　　　……（「拡張属性編集」画面が表示される） （値：） 2 と入力 [OK] を（SEL） （右）**ショートカットメニュー** の **[繰り返し]** を（SEL） 以下略

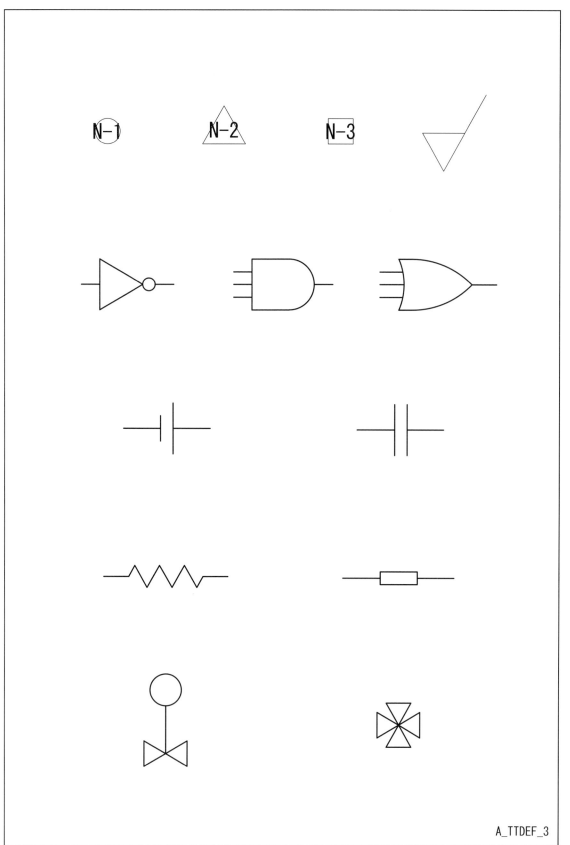

演習 3・30 ブロックと属性定義

SHIAGEを挿入する.	DESIGNCENTERウィンドウ の［SHIAGE］アイコン をダブルクリック ［OK］を（SEL） （挿入位置を指定……：） 線分中点 をOスナップ （X方向の尺度……：） 0.5 ［Enter］ （Y方向の尺度……：） 0.5 ［Enter］ （回転角度を指定：） 0 ［Enter］
ブロックSHIAGEを複写する.	**［ホーム］タブ［修正］/複写** を（SEL） （オブジェクトを選択：） ブロックSHIAGE を（SEL） （オブジェクトを選択：） （右） 以下略
T-2を挿入する.	OBJECTSの画層を現在層にする. DESIGNCENTERウィンドウ の［T-2］アイコン をダブルクリック ［OK］を（SEL） （挿入位置を指定……：） 任意の点 を（SEL） （X方向の尺度……：） 1 ［Enter］ （Y方向の尺度……：） 1 ［Enter］ （回転角度を指定：） 0 ［Enter］ 以下同様の手順でブロックを挿入し，図②，③を完成する.

TIPS　ブロック図形の特性

■ ブロック図形は，ブロック図形を作成したときの画層のオブジェクトとして挿入される．色や線種，線の太さはその画層の設定状態となる．たとえば，ブロックMARUSUJIはTEXT画層で作成，定義したので，色がCyan（水色）になる．
もし，ブロックを挿入するときの現在層がTEXT画層以外であっても，ブロックMARUSUJIはTEXT画層のオブジェクトとなり，色はCyan（水色）となる．
もし，挿入先の図面にTEXT画層がない場合は，ブロック挿入時に，TEXT画層が自動的につくられる．ブロックを挿入することで，図面に必要のない画層が新規につくられないように，ブロック図形はどの図面でも存在する0画層で作成しておくとよい．
0画層で作図したブロック図形でも，色や線種，線の太さが画層の設定に従っているという意味の「Bylayer」の設定になっていると，挿入後，ブロック図形個々に色や線種，線の太さを変えることはできない．色や線種，線の太さは，画層ごとに変更しなければならない．
もし，挿入したブロック図形を画層の指定とは違う色や線種，線の太さに変更する可能性がある場合は，オブジェクトの色や線種，線の太さプロパティを「Bylayer」設定から「Byblock」設定に変更してからブロック定義する（オブジェクトプロパティ管理コマンドを実行して表示されるプロパティパレットで設定）．

TIPS　属性とは

■ 属性とは，ブロックにつけておく文字情報である．ふつうの文字列をブロック定義すると，挿入されたブロックはその文字列のまま挿入される．属性をブロック定義すると，挿入するたびに文字列の内容を変更して挿入できる．

TIPS　属性値を変更する方法

■ 属性値を変更する方法には，3通りある．文字修正コマンドでは修正できない．
● ［挿入］タブ［ブロック］/属性編集 コマンドで修正
● 属性値をダブルクリックして拡張属性編集画面から修正
● オブジェクトプロパティ管理画面の属性欄で修正

TIPS　ブロックエディタ

■ ［挿入］タブ［ブロック定義］/ブロックエディタ を実行すると，作図画面がブロックエディタ画面に切り替わる．画面に表示されている領域は作図領域ではなく，ブロックを作成する専用の場所だ．
ブロックエディタでもブロック定義をすることができる．基点を指定しないと，原点（0，0）位置がブロックの挿入基点となる．また，ブロックエディタで作成した図形をファイル（dwg）として名前を付けて保存することができる．ファイルとして保存すると，他の図面でも「ブロック挿入」コマンドで挿入することができる．ブロック挿入コマンドでブロック図形を指定する際，［参照］ボタンを選択して，ファイル名を指定すればよい．
このブロックエディタは，主に「ダイナミックブロック」を作成するときに使用する．ダイナミックブロックは，ブロックに情報と振る舞いを持たせることができる．詳細については，p.148「参考 ダイナミックブロック」に記載する．

①

②

③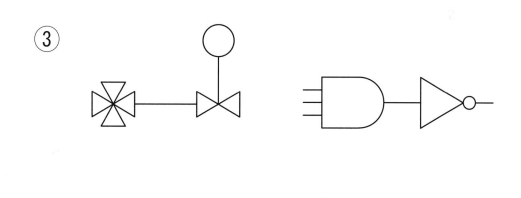

A_TTDEF_4

CHAPTER 3 CADの基本操作

| 参考 | ダイナミックブロック |

　通常のブロック図形は，挿入時に，定義した内容の挿入位置，尺度，回転角度の3つの要素のみ変更することができる．ダイナミックブロックは，さらに，様々な情報とその情報に合わせた動きをオブジェクトと一緒に登録しておくことができる．それにより，設定した内容で変形したり，向きを変えたりと，柔軟な汎用性をもったブロック図形となり，運用の幅が広がる．ダイナミックブロックは，ブロックを構成する図形に加えて，パラメータとアクションといった内容を付加させる．

1. ブロックエディタ

　ダイナミックブロックを登録するには，ブロックエディタを使用する．ブロックエディタを表示するには[挿入]タブ[ブロック定義]/[エディタ]を選択する．

　「ブロック定義を編集」画面で作成するブロック名を入力して[OK]ボタンを選択すると（図3・89），ブロックエディタ画面になる（図3・90）．

　ブロックエディタは，作図画面と大変似ているが，「ブロックエディタ」専用のリボンタブ，パラメータとアクションを設定する「オーサリングパレット」が表示され，ブロック図形を作図する専用の画面となっ

図3・89 「ブロック定義を編集」画面

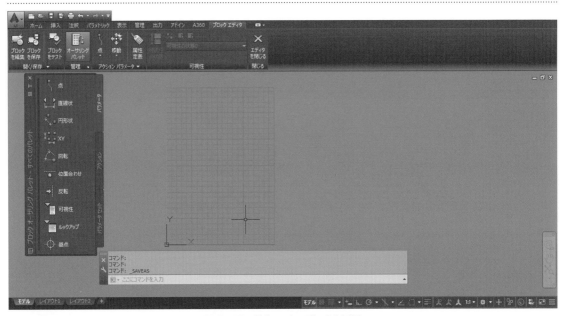

図3・90 「ブロックエディタ」画面

ている．作図画面と同様の操作手順で，ブロック図形を作図する．
　完成した図形は，[開く/保存]/ブロックを保存 でブロック図形として定義する（図3・91）．

図3・91　「ブロックを保存」アイコンボタン

　[開く/保存]/ブロックに名前を付けて保存 を選択し（図3・92），「ブロックに名前を付けて保存」画面で「ブロック定義を図面ファイルに保存」にチェックを付けると（図3・93），ブロック図形をファイルとして保存できる．ファイルとして保存されたブロックは，他の図面でも，ブロック挿入コマンドで挿入できる．

図3・92　「ブロックに名前を付けて保存」ボタン

図3・93　「ブロック定義を図面ファイルに保存」画面

　ブロックエディタでブロック図形を保存すると，原点が挿入基点になる．挿入基点を別の位置に設定するには，「オーサリングパレット」の「パラメータ」タブから「基点」を選択して，図形上の位置を指定する．

2．パラメータ

　ダイナミックブロックに定義する情報ツールをパラメータと呼ぶ．最初に設定する内容となる．オーサリングパレットのパラメータタブ（図3・94）からパラメータを定義すると，図形上にグリップが表示される．このグリップを使用してブロック図形の情報や値を変更できる．

3．アクション

　パラメータで設定した情報を，ブロック図形に含まれているどのオブジェクトに対して，どのような動作にさせるのかを設定するツールをアクションと呼ぶ．オーサリングパレットのアクションタブ（図3・95）から定義する．

4. パラメータセット

パラメータとアクションには，組み合わせできる設定と組み合わせできない設定とがある．「オーサリングパレット」の「パラメータセット」タブには，パラメータとアクションの基本的な組み合わせが登録されているので，参考にするとよい．

5. ダイナミックブロック作成例

① **「位置合わせ」パラメータ**　「位置合わせ」パラメータを設定すると，ブロック図形挿入時，配置するオブジェクトにカーソルを近づけると，そのオブジェクトの角度を認識し，自動的にそのオブジェクトに沿った角度で挿入される．挿入角度を数値で入力したり，オブジェクトスナップを使用してオブジェクトの向きに合わせるといっ

図3・94　「オーサリングパレット」の「パラメータ」タブ

図3・95　「オーサリングパレット」の「アクション」タブ

た，挿入時の面倒な操作がいらなくなる．通常は，パラメータとアクションのセットでダイナミックブロックを定義するが，「位置合わせ」パラメータはアクションの設定は必要ない．

自動的に図形に沿って配置されるブロック図形を定義	
内　容	操　作　手　順
入力画面を準備する．	入力画面の設定方法2による．
ブロックエディタを表示する．	[挿入] タブ [ブロック定義]/エディタ　を（SEL） 「ブロック定義を編集」画面 （作成または編集するブロック：）　b1　と入力 [OK] を（SEL）
ブロックにする図形を作図する．	挿入基点になる位置を原点に配置して作図する．　‥‥（図形作図方法は演習3・28参照） または，図形作図後，挿入基点の位置を原点位置に移動する．　‥‥（図3・96） 図3・96　挿入基点を原点に配置して図形を作図

位置合わせパラメータを設定する.	ブロックオーサリングパレット の「パラメータ」タブ を（SEL） ［位置合わせ］を（SEL） 　（位置合わせの基点を指定……：）　中点 A　をＯスナップ 　（位置合わせの方向……を指定：）　端点 B　をＯスナップ　　　　……（図3・97） 　　　　　　　……（位置合わせパラメータ特有のグリップ記号が表示される．図3・98）	

図3・97 「位置合わせ」パラメータで基点（A）と方向（B）を設定

図3・98 「位置合わせ」パラメータグリップ表示

ブロックを保存する．	［ブロックエディタ］タブ［開く/保存］/ブロックを保存　を（SEL） 　　　　　　　　　　　　　　　　　　　　　　……（p.131 図3・89-0を参照）
ブロックエディタを閉じる．	［ブロックエディタ］タブ［閉じる］/エディタを閉じる　を（SEL）
ブロックを挿入する図形を作成する．	……（演習3・28参照）

CHAPTER 3 CADの基本操作

ブロックを挿入する．	**[挿入]** タブ **[ブロック]**/**挿入** を（SEL） 　ブロックギャラリーから　b1　を（SEL） 　（挿入位置を指定……：）　線分 LM の中点　を O スナップ **[挿入]** タブ **[ブロック]**/**挿入** を（SEL） 　ブロックギャラリーから　b1　を（SEL） 　（挿入位置を指定……：）　線分 NO の中点　を O スナップ 　　　　　　　　　　····（線分の角度に沿って挿入される．図 3・99）

図 3・99　線分の角度に沿って挿入

② **「直線状」パラメータと「ストレッチ」アクション**　「直線状」パラメータと「ストレッチ」アクションの組み合わせの設定で，ブロック図形のまま，グリップ操作で指定した部分の長さを変更することができる．長さの変更を設定した箇所は，プロパティパレットの「カスタム」欄で「距離」という値で管理される．この値を変更し，簡単に指定した長さにできる．

長さを変更して配置できるブロックを定義	
内　　　容	操　作　手　順
入力画面を準備する．	入力画面の設定方法 2 による．
ブロックエディタを表示する．	**[挿入]** タブ **[ブロック定義]**/**エディタ** を（SEL） 「ブロック定義を編集」画面 　（作成または編集するブロック：）　b2　と入力 　[OK] を（SEL）
ブロックにする図形を作図する．	挿入基点になる位置を原点に配置して作図する． または，図形作図後，挿入基点の位置を原点位置に移動する．
直線状パラメータを設定する．	ブロックオーサリングパレット「パラメータ」タブ　を（SEL） [直線状] を（SEL） 　（始点を指定……：）　中点 A　を O スナップ 　（終点を指定：）　中点 B　を O スナップ 　（ラベルの位置を指定：）　任意の点　C　を（SEL） 　　　　　　····（直線状パラメータ特有のグリップとラベルが表示される．図 3・100）

3・6 ブロック図形の活用

図3・100 「直線状」パラメータで始点,終点を設定

ストレッチアクションを設定する.	**ブロックオーサリングパレット**「アクション」タブ　を（SEL） ［ストレッチ］を（SEL） （パラメータを選択：）　図形上に表示されている直線状パラメータ　を（SEL） 　　　　　　　　　　…（距離1と表示されているパラメータオブジェクトを選択） （アクションと関連付けるパラメータ点を指定……：） **コマンドウィンドウ** の［**2点目(S)**］を（SEL） 　　　　　　　　　　…（ストレッチ操作に直線状パラメータの2点目のグリップを使用する） （ストレッチ枠の最初の点を指定……：）　任意の点　D　を（SEL） （もう一方のコーナーを指定：）　任意の点　E　を（SEL）　　　　…（図3・101） 図3・101 「ストレッチ」アクションで動作させるオブジェクトを設定 （オブジェクトを選択：）　任意の点　F　を（SEL） （オブジェクトを選択：）　任意の点　G　を（SEL） （オブジェクトを選択：）　（右） 　　　　　　　…（ストレッチ動作に関連するオブジェクトを窓選択. 図3・102）

153

	 図3・102　選択するオブジェクト
ブロックを保存する.	［ブロックエディタ］タブ［開く/保存］/ブロックを保存　を（SEL）
ブロックエディタを閉じる.	［ブロックエディタ］タブ［閉じる］/エディタを閉じる　を（SEL）
ブロックを挿入する図形を作成する.	‥‥（演習3・28参照）
任意の位置にブロックを挿入する.	［挿入］タブ［ブロック］/挿入　を（SEL） 　　ブロックギャラリーから　b2　を（SEL） 　（挿入位置を指定……：）　任意の位置　を（SEL）
ブロックのABの長さを20 mmから25 mmに変更する.	挿入したブロック　を（SEL）　　　　　‥‥（グリップが表示される．図3・103） 先端にある三角のグリップ　を（SEL） 　（点の位置を指定……：）　@0，－5［Enter］　　　　　‥‥（図3・104）
	 　図3・103　グリップ表示図　　図3・104　ストレッチアクションの動作
プロパティパレットからABの長さを25 mmから30 mmに変更する.	挿入したブロック　を（SEL） （右）**ショートカットメニュー**の［**オブジェクトプロパティ管理**］を（SEL） 　　カスタム欄 　　［距離1］を（SEL） 　　30　と入力　　　　　　　　　　　　　　　　　　‥‥（図3・105）

3・6 ブロック図形の活用

図3・105 プロパティパレットで距離の指定

TIPS　クラウドサービス　A360

■ AutoCAD LT2016では，「Autodesk　A360」というクラウドサービスを提供している．
このクラウドサービスを利用すると，インターネット上にある保管場所にオートデスク社が提供するいろいろなツールを使用して，データの保管，データの編集，データの閲覧，モバイル表示が行えるようになる．
クラウドサービスを利用するためには，アカウントを作成する．
アカウントの作成は，メールアドレスとパスワードの指定で誰でも無償でできる．

TIPS　PDF 出力

■ 印刷コマンドで，ニーズに合わせた PDF 出力を選択できる．
プリンタ/プロッタ欄から PDF を選択すると，[PDF オプション] ボタンが表示され，そのボタンをクリックして品質などの設定をすることができる．

印刷画面で PDF 出力を選択

PDF オプションボタンから設定画面へ

CHAPTER 4 　CADの演習

CHAPTER 4　CADの演習

　本章では，CADの演習を用意した．これらはCADの基本操作の理解度を自分自身でチェックするのにも適している．まずは操作手順を見ないでチャレンジし，再度操作手順に沿って学習してほしい．

　なお，本章以降，3章で実習したコマンドに関してリボンのタブ名の表記を省略する．また，とくに必要があると考えられる場合を除き，コマンドウィンドウのメッセージも省略している．また，コマンドのオプション機能の選択については，コマンドウィンドウから直接選択する操作で解説する．例えば，ポリゴンコマンドのエッジオプションを選択する操作はコマンドウィンドウに表示される［エッジ］を直接選択する．操作手順では［エッジ(E)］を（SEL）と表記している．

演習 4・1　正七角形と内接円

内　容	操　作　手　順
入力画面を準備する．	入力画面の設定方法2による．
直径 100 mm の円を作成する．	OBJECTS の画層を現在層にする． ［作成］/円/中心,半径　を（SEL） 　画面中央の任意の点 C　を（SEL）//50　［Enter］
直径 100 mm の円に外接する正七角形を作成する．	［作成］/ポリゴン　を（SEL） 　7　［Enter］ 　円の中心　をOスナップ 　［外接(C)］を（SEL）//50　［Enter］
補助線を作成する． （図では破線であるが，この補助線は最終的に消去するので，実線のままで可）	［作成］/線分　を（SEL） 　交点 A　をOスナップ 　円の中心　をOスナップ 　交点 B　をOスナップ 　（右）ショートカットメニュー の［Enter］を（SEL）
正七角形に内接する 7 個の円のうちの 1 個を作成する．①	［作成］/円/接線,接線,接線　を（SEL） 　辺 AB　を（SEL） 　線分 BC　を（SEL） 　線分 CA　を（SEL）
円形状配列複写によって上で作成した円を 7 個にする．②	［修正］/円形状配列複写　を（SEL） 　（オブジェクトを選択：）　上で作成した円　を（SEL） 　（オブジェクトを選択）　（右） 　（配列複写の中心を指定……：）　直径 100 mm の円の中心をOスナップ 　［項目］で 　（項目：）　7　と入力 　［閉じる］/［配列複写を閉じる］を（SEL） 　　　　　　　　　……「埋める」の値は 360 のまま．360 度を 7 つの円で配列複写
7 個の円と接する中央の円を作成する．	［作成］/円/接線,接線,接線　を（SEL） 　任意の円の中心寄りの点　を（SEL） 　別の任意の円の中心寄りの点　を（SEL） 　別の任意の円の中心寄りの点　を（SEL）
不要部分を消去する．	省略

TIPS　寸法値の移動

■ φ100 の寸法数値は計測した円の内側に記入されるが，寸法を選択して表示される寸法数値の上のグリップを選択し，円の外側に移動することができる．

TIPS　長さ寸法，平行寸法，角度寸法などの寸法値移動

■ 寸法値を選択して表示される値の上のグリップを選択し（グリップは色が変わる），移動したい位置にカーソルを動かすと，寸法値と一緒に寸法線も動く．事前に寸法値のみが動くように設定を変更してから行う．

　　　変更する寸法図形　を（SEL）
　　　（右）ショートカットメニュー の［オブジェクトプロパティ管理］を（SEL）
　　　フィット欄
　　　［寸法値の移動］を（SEL）
　　　▼　を（SEL）
　　　［寸法値を移動，引出線なし］を（SEL）
　　　✕　を（SEL）//　［Esc］

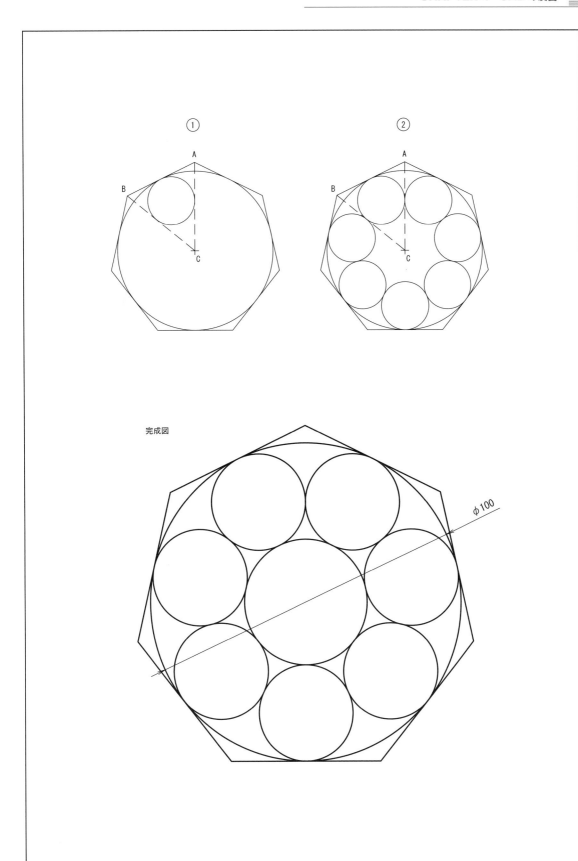

CHAPTER 4　CADの演習

⇄　演習4・2　正三角形と内接円

内　　　　容	操　作　手　順	
入力画面を準備する.	入力画面の設定方法2による.	
水平と垂直の中心線を作成する.	ステータスバー の［カーソルの動きを直交に強制］を（SEL）し，直交モードにする. CENTERの画層を現在層にする. **［作成］/線分** を（SEL） 　画面中央左の任意の点C を（SEL） 　@110, 0 ［Enter］　//［Enter］ 　以下略	《別の方法》 **［作成］/ポリゴン** を（SEL） 　3 ［Enter］ 　［エッジ(E)］ を（SEL） 　任意の点 を（SEL） 　@100, 0 ［Enter］
半径100 mmの円弧を2個作成する.	ステータスバー の［カーソルの動きを直交に強制］を（SEL）し，直交モードを解除. **［作成］/円弧/中心,始点,終点** を（SEL） 　中心線の交点C をOスナップ 　@100, 0 ［Enter］　//@0, 100 ［Enter］ **［作成］/円弧/中心,始点,終点** を（SEL） 　水平の中心線と円弧との交点D をOスナップ 　@0, 100 ［Enter］　//@－100, 0 ［Enter］	
一辺の長さが100 mmの正三角形を作成する.	OBJECTSの画層を現在層にする. **［作成］/線分** を（SEL） 　3つの交点A，D，Cを順次Oスナップ 　（右）ショートカットメニュー の［Enter］を（SEL）	
正三角形の頂点Aから底辺への垂線を作成する. ①	**［作成］/線分** を（SEL） 　正三角形の頂点A をOスナップ（交点） 　正三角形の底辺 をOスナップ（垂線） 　（右）ショートカットメニュー の［Enter］を（SEL）	
正三角形の高さ（垂線）を7等分する. ②	点の形状を＋に変更する. （コマンド：）　PTYPE ［Enter］ 　＋ を（SEL） 　○絶対単位のサイズ を（SEL）　　　　　　　　　　　　　　……（●をつける） 　（点サイズ：） 2 と入力// ［OK］ **［作成］/点/ディバイダ** を（SEL） 　線分AB を（SEL） 　7 ［Enter］	
正三角形に内接する直径の等しい3個の円を作成する.	**［作成］/円/中心,半径** を（SEL） 　点J をOスナップ 　点K をOスナップ 　（右）ショートカットメニュー の［繰り返し］を（SEL） 　点L をOスナップ//点M をOスナップ 　（右）ショートカットメニュー の［繰り返し］を（SEL） 　点N をOスナップ//点M をOスナップ	
正三角形に内接する残りの9個の円を作成する.	**［作成］/円/接線,接線,接線** を（SEL） 　以下略	
不要部分を削除またはトリムで消去し，完成する.	**［修正］/トリム** を（SEL） 　以下略	

TIPS　オブジェクトを分割するコマンド

■　**［ホーム］**タブ**［作成］/ディバイダ** コマンドは，オブジェクトを任意の数に等分割する．分割した箇所に点オブジェクトを配置して分割表示するが，オブジェクトは一つのままである．
　点の形はさまざまであるが，初期値のままでは，オブジェクト上に配置されても表示が確認できない小さな点の形をしている．はっきり確認したい場合は，あらかじめ，「PTYPE」コマンドを実行して（キーボードから PTYPE ［Enter］），点の形を×などの確認しやすい点に設定しておく必要がある．
　似たようなコマンドに，**［ホーム］**タブ**［修正］/部分削除** コマンドの分割機能がある．こちらは1つのオブジェクトを2つのオブジェクトに分割する．

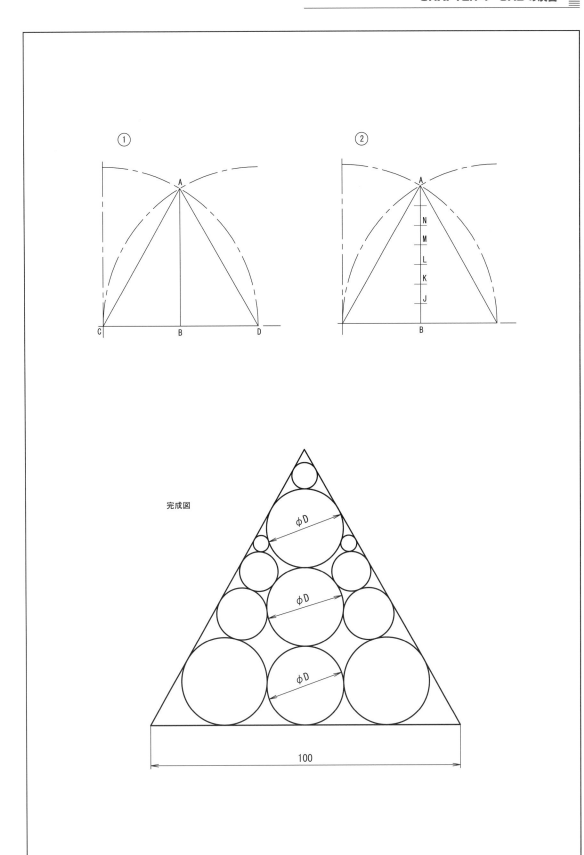

完成図

CHAPTER 4　CADの演習

⇄　演習 4・3　連　続　半　円

内　　　　容	操　作　手　順
入力画面を準備する.	入力画面の設定方法 2 による.
水平と垂直の中心線を作成する.	ステータスバー の［カーソルの動きを直交に強制］を（SEL）し，直交モードにする. CENTER の画層を現在層にする. **［作成］/線分** を（SEL） 　画面中央左の任意の点 A　を（SEL） 　画面中央右の任意の点 B　を（SEL）　　　　　　　　　　　　…（水平の中心線） 　（右）ショートカットメニュー の［Enter］を（SEL） 　（右）ショートカットメニュー の［繰り返し］を（SEL） 　画面中央上の任意の点 C　を（SEL） 　画面中央下の任意の点 D　を（SEL）　　　　　　　　　　　　…（垂直の中心線） 　（右）ショートカットメニュー の［Enter］を（SEL）
45 度傾斜した中心線 EF を作成する.	ステータスバー の［カーソルの動きを直交に強制］を（SEL）し，直交モードを解除. **［修正］/円形状配列複写** を（SEL） 　（オブジェクトを選択：）　垂直の中心線 CD　を（SEL） 　（オブジェクトを選択：）　（右） 　（配列複写の中心を指定……：）　中心線の交点 G　を O スナップ 　［項目］で 　（項目：）　2　と入力 　（間隔：）　45　と入力 　［閉じる］/［配列複写を閉じる］を（SEL）
50 mm 左にオフセットした中心線を作成する.	**［修正］/オフセット** を（SEL） 　50　［Enter］ 　垂直の中心線 CD　を（SEL） 　左側の任意の点　を（SEL） 　［終了(E)］を（SEL）
左端の三日月状を 1 個作成する. ①	OBJECTS の画層を現在層にする. **［作成］/円/中心, 半径** を（SEL） 　以下略
円形状に配列複写し，左端の三日月状を 6 個にする. ②	**［修正］/円形状配列複写** を（SEL） 　（オブジェクトを選択：）　三日月を形成する 2 円弧　を（SEL） 　（オブジェクトを選択：）　（右） 　（配列複写の中心を指定……：）　中心線の交点 G　を O スナップ 　［項目］で 　（項目：）　6　と入力 　（埋める：）　90　と入力 　［閉じる］/［配列複写を閉じる］を（SEL）
左下の 6 個の三日月状を 45 度傾斜した中心線 EF を対称軸として 6 個の鏡像を作成する.	**［修正］/鏡像** を（SEL） 　左下の 6 個の三日月　を（SEL） 　（右） 　中心線 EF の端点 E　を O スナップ 　中心線 EF の端点 F　を O スナップ 　［いいえ(N)］を（SEL）
寸法を記入する.	省略

TIPS　円形状配列複写コマンドの「項目」「間隔」「埋める」の意味

- 「項目」　元のオブジェクトを含めた複写の個数（項目数）
- 「間隔」　オブジェクト間の角度
- 「埋める」　配列複写の最初と最後の項目間の角度（全体の複写角度）

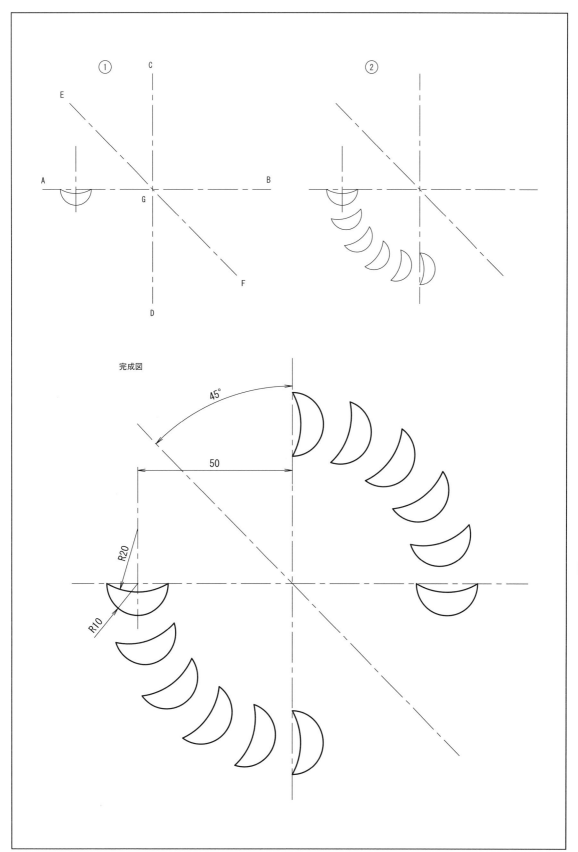

演習4・4　平 行 四 辺 形

内　　　　　容	操　作　手　順
入力画面を準備する.	入力画面の設定方法2による.
水平と垂直の中心線を作成する.	ステータスバー の［カーソルの動きを直交に強制］を（SEL）し，直交モードにする. CENTER の画層を現在層にする. **[作成]/線分** を（SEL） 　以下略
線分 BC，CD を作成する.	ステータスバー の［カーソルの動きを直交に強制］を（SEL）し，直交モードを解除. OBJECTS の画層を現在層にする. **[作成]/線分** を（SEL） 　中心線の交点 C を O スナップ 　@70<50　［Enter］　　　　　　　　　　　　　　　　　　　……（少し長めに作成しておく） 　（右）ショートカットメニュー の［Enter］を（SEL） 　（右）ショートカットメニュー の［繰り返し］を（SEL） 　中心線の交点 C を O スナップ 　@30<15　［Enter］　　　　　　　　　　　　　　　　　　　　　　……（線分 CD） 　（右）ショートカットメニュー の［Enter］を（SEL）
線分 DA を作成する.	**[修正]/複写** を（SEL） 　線分 BC を（SEL） 　（右） 　線分 BC の端点 C を O スナップ 　線分 CD の端点 D を O スナップ 　［終了(E)］を（SEL）
線分 EF を作成する. ①	**[修正]/オフセット** を（SEL） 　30　［Enter］ 　線分 CD を（SEL） 　上側の任意の点 を（SEL） 　［終了(E)］を（SEL）
平行四辺形を完成する. ②	**[修正]/フィレット** を（SEL） 　［半径(R)］を（SEL） 　0　［Enter］ 　［複数(M)］を（SEL） 　線分 DA の点 D 近くの任意の点 を（SEL） 　線分 EF の点 F 近くの任意の点 を（SEL） 　線分 BC の平行四辺形として残す側の任意の点 を（SEL） 　線分 EF の平行四辺形として残す側の任意の点 を（SEL）） 　以下略
円形状配列複写によって平行四辺形を6個にする.	**[修正]/円形状配列複写** を（SEL） 　（オブジェクトを選択：）平行四辺形を形成する4線分 を（SEL） 　（オブジェクトを選択：）（右） 　（配列複写の中心を指定……：）中心線の交点 C を O スナップ 　［項目］で 　（項目：）6 と入力 　（埋める：）360 と入力 　［閉じる］/［配列複写を閉じる］を（SEL）
寸法を記入する.	**[注釈]/長さ寸法記入** を（SEL） 　端点 G を O スナップ 　端点 D を O スナップ 　［回転(R)］を（SEL） 　105　［Enter］ 　寸法線を記入する位置 を（SEL） 　以下略

① ②

完成図

30
30
40°
35°

演習 4・4 平行四辺形

165

CHAPTER 4　CADの演習

演習4・5　鍔（つば）

内　　　容	操　作　手　順
入力画面を準備する.	入力画面の設定方法2による.
水平と垂直の中心線を作成する.	ステータスバー の［カーソルの動きを直交に強制］を（SEL）し，直交モードにする． CENTER の画層を現在層にする． **［作成］/線分**　を（SEL） 　以下略
直径 110 mm の円を作成する.	ステータスバー の［カーソルの動きを直交に強制］を（SEL）し，直交モードを解除． OBJECTS の画層を現在層にする． **［作成］/円/中心，半径**　を（SEL） 　中心線の交点　を O スナップ 　55　［Enter］
半径 150 mm の円弧 AB を作成する．①	まず，円弧の中心点を作成する． **［作成］/円/中心，半径**　を（SEL） 　交点 A　を O スナップ 　150　［Enter］ 　（右）ショートカットメニュー の［繰り返し］を（SEL） 　交点 B　を O スナップ 　150　［Enter］ **［作成］/円弧/始点，中心，終点**　を（SEL） 　交点 A　を O スナップ 　半径 150 mm の 2 個の円の交点 C　を O スナップ 　交点 B　を O スナップ
不要になった半径 150 mm の 2 個の円を消去する．②	**［修正］/削除**　を（SEL） 以下略
線分を作成する．③	**［作成］/線分**　を（SEL） 　交点 A　を O スナップ 　交点 D　を O スナップ 　（右）ショートカットメニュー の［Enter］を（SEL） **［修正］/オフセット**　を（SEL） 　15　［Enter］ 　線分 AD　を（SEL） 　円の中心点近くの任意の点　を（SEL） 　［終了(E)］を（SEL）
作成した円弧と線分を円形状に配列複写する．④	**［修正］/円形状配列複写**　を（SEL） 　（オブジェクトを選択：）　いま作成した円弧と 2 線分　を（SEL） 　（オブジェクトを選択：）（右） 　（配列複写の中心を指定……：）φ110 mm の円の中心　を O スナップ 　［項目］で 　（項目：）　2　と入力 　（間隔：）　180　と入力 　［閉じる］/［配列複写を閉じる］を（SEL）
不足部分を補い，不要部分を削除またはトリムで消去する.	省略

TIPS　ツールチップを非表示

■　リボン上のコマンドアイコンボタンにカーソルを近づけて表示されるツールチップは，操作の参考になるが，操作に慣れ，いちいち表示されるのが邪魔に感じる場合は，表示されないようにするとよい．

　　（右）ショートカットメニュー の［オプション］を（SEL）
　　オプション画面の「表示」タブ　を（SEL）
　　ウィンドウの要素欄
　　□ツールチップを表示　を（SEL）
　　［適用］を（SEL）
　　［OK］を（SEL）

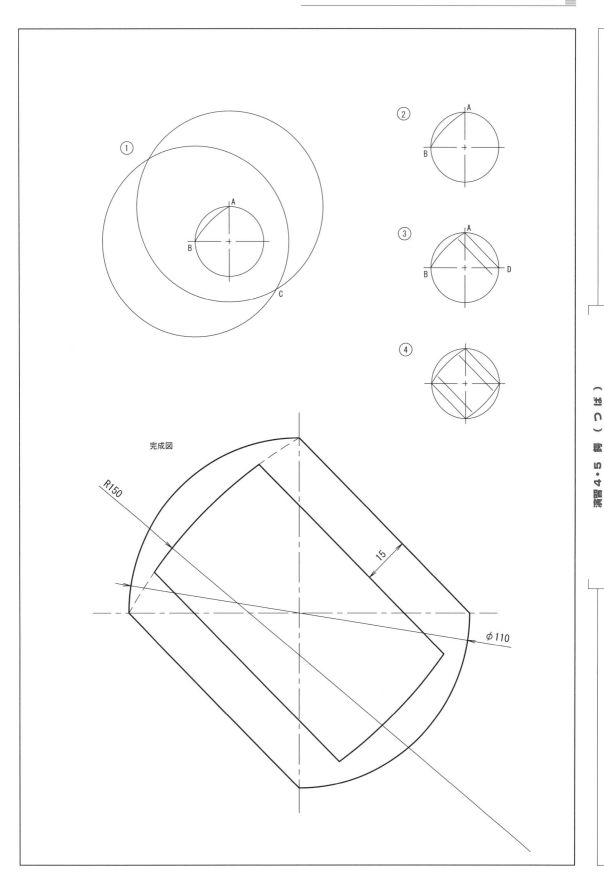

演習4・6 三　角　穴

内　　容	操　作　手　順
入力画面を準備する.	入力画面の設定方法2による.
水平と垂直の中心線を作成する.	ステータスバー の［カーソルの動きを直交に強制］を（SEL）し, 直交モードにする. CENTER の画層を現在層にする. **［作成］/線分**　を（SEL） 　以下略
半径100 mm の円弧を作成する.	ステータスバー の［カーソルの動きを直交に強制］を（SEL）し, 直交モードを解除. **［作成］/円/中心, 半径**　を（SEL） 　中心線の交点A　をOスナップ 　100［Enter］ 　以下略
幅20 mm の三角形 ABC を作成する. ①	**［修正］/オフセット**　を（SEL） 　20［Enter］ 　垂直の中心線 AB　を（SEL） 　垂直の中心線 AB の左側の任意の点　を（SEL） 　［終了(E)］を（SEL） OBJECTS の画層を現在層にする. **［作成］/線分**　を（SEL） 　交点C　をOスナップ 　垂直の中心線　をOスナップ（垂線） 　中心線の交点A　をOスナップ 　［閉じる（C）］を（SEL）
一点鎖線 CD を円形状に配列複写する. ②	**［修正］/円形状配列複写**　を（SEL） 　（オブジェクトを選択：）　一点鎖線 CD　を（SEL） 　（オブジェクトを選択：）　（右） 　（配列複写の中心を指定……：）　交点D　をOスナップ 　［項目］で 　（項目：）4　と入力 　（埋める：）60　と入力 　［閉じる］/［配列複写を閉じる］を（SEL）
三角形 ABC を複写し, 4個にする.	**［修正］/複写**　を（SEL） 　三角形を構成する線分 AB, BC, CA　を（SEL） 　（右） 　交点C　をOスナップ 　交点E　をOスナップ 　交点F　をOスナップ 　交点G　をOスナップ 　［終了(E)］を（SEL）
不要部分を削除またはトリムにより消去する.	**［修正］/トリム**　を（SEL） 　以下略

> **TIPS** 角度寸法表記を 0d00' から十進表記に変更する操作手順（例：22°30' → 22.5°）
>
> 　変更する寸法値　を（SEL）
> 　（右）ショートカットメニュー の［オブジェクトプロパティ管理］を（SEL）
> 　基本単位欄
> 　［角度の形式］を（SEL）
> 　▼　を（SEL）
> 　［度（十進表記）］を（SEL）
> 　✕　を（SEL）//［Esc］

演習 4・7　トロコイドもどき

内　　容	操　作　手　順
入力画面を準備する.	入力画面の設定方法 2 による.
水平と垂直の中心線を作成する.	ステータスバー の［カーソルの動きを直交に強制］を（SEL）し，直交モードにする. CENTER の画層を現在層にする. **［作成］/線分**　を（SEL） 　以下略
半径 50 mm の円を作成する.	ステータスバー の［カーソルの動きを直交に強制］を（SEL）し，直交モードを解除. **［作成］/円/中心, 半径**　を（SEL） 　中心線の交点 C　をＯスナップ 　50　［Enter］
D 点に半径 5 mm の円を作成する．①	OBJECTS の画層を現在層にする. **［作成］/円/中心, 半径**　を（SEL） 　交点 D　をＯスナップ 　5　［Enter］
半径 5 mm の円を D 点から E 点に移動する.	**［修正］/移動**　を（SEL） 　半径 5 mm の円　を（SEL） 　円の中心 D　をＯスナップ 　交点 E　をＯスナップ
角度 50 度の線分を作成する．②	**［作成］/線分**　を（SEL） 　半径 5 mm の円の任意の点　をＯスナップ（接線） 　@30<155　［Enter］　　　　　　　　　　　　　　　　……（少し長めに作成しておく） 　（右）ショートカットメニュー の［Enter］を（SEL） **［修正］/鏡像**　を（SEL） 　いま作成した線分　を（SEL） 　（右） 　水平の中心線の一方の端点　をＯスナップ 　水平の中心線の他方の端点　をＯスナップ 　［いいえ(N)］を（SEL）
不要部分をトリムにより消去する.	**［修正］/トリム**　を（SEL） 　いま作成した 2 線分　を（SEL） 　（右） 　半径 5 mm の円の消去する側の任意の点　を（SEL） 　（右）ショートカットメニュー の［Enter］を（SEL）
円形状に配列複写する．③	**［修正］/円形状配列複写**　を（SEL） 　（オブジェクトを選択：）　いま作成した円弧と 2 線分　を（SEL） 　（オブジェクトを選択：）　（右） 　（配列複写の中心を指定……：）　φ100 mm の円の中心　をＯスナップ 　［項目］で 　（項目：）　6　と入力 　（埋める：）　360　と入力 　［閉じる］/［配列複写を閉じる］を（SEL）
角部を丸める.	**［修正］/フィレット**　を（SEL） 　［半径(R)］を（SEL） 　20　［Enter］ 　［複数(M)］を（SEL） 　以下略
直径 40 mm の円を作成する.	省略

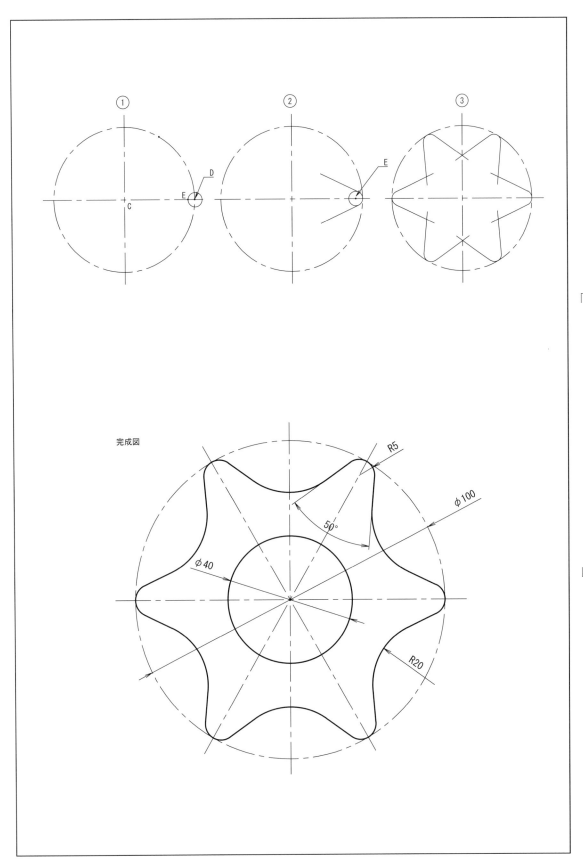

完成図

CHAPTER 4　CADの演習

⇄　演習4・8　プレス打ち抜き材①

内　　容	操　作　手　順
入力画面を準備する.	入力画面の設定方法2による.
幅60 mm，高さ90 mmの四角形を作成する.	OBJECTSの画層を現在層にする. **[作成]/線分**　を（SEL） 　画面左下の任意の点A　を（SEL） 　@60,　0　［Enter］ 　@0,　90　［Enter］ 　@−60,　0　［Enter］ 　［閉じる（C）］を（SEL）
四角形の対角線の交点を通り，底辺と右側の垂辺に接する円を作成する. ①	**[作成]/円/3点**　を（SEL） 　［Shift］＋（右） 　［2点間の中点］を（SEL） 　辺ABの中点　をOスナップ 　辺CDの中点　をOスナップ 　底辺AB　をOスナップ（接線） 　垂辺BC　をOスナップ（接線） 　同様にしてもう一つの円を作成する.
2つの円の不要部分をトリムしてS字型にする. ②	**[修正]/トリム**　を（SEL） 　以下略
左下の角部Aをフィレットで丸める.	**[修正]/フィレット**　を（SEL） 　［半径（R）］を（SEL） 　30　［Enter］ 　線分AB　を（SEL） 　線分AD　を（SEL）
左上の角部Dの面取りをする.	**[修正]/面取り**　を（SEL） 　［距離（D）］を（SEL） 　3　［Enter］ 　12　［Enter］ 　線分AD　を（SEL） 　線分CD　を（SEL）
不要な部分をトリムまたは削除で消去し，左半分を完成する（線分BCは残す）. ③	**[修正]/トリム**　を（SEL） 　以下略
線分BCに対称の鏡像を作成する.	**[修正]/鏡像**　を（SEL） 　鏡像を作成するすべてのオブジェクト　を（SEL） 　（右） 　端点B　をOスナップ 　端点C　をOスナップ 　［いいえ(N)］を（SEL）
不要部分を消去する.	**[修正]/削除**　を（SEL） 　線分BC　を（SEL） 　（右）

TIPS　トリムコマンド，延長コマンドの応用テクニック

- トリムコマンドの切り取りエッジを選択する際に，トリムコマンドでは，最初に切り取りエッジとなるオブジェクトを選択する．そのときにオブジェクトを選択せずに右クリックをしてみる．オブジェクト同士が交差している部分でオブジェクトは分断され，不要な部分がトリムできる．一度に数箇所のトリミングを行う場合は効率がよい場合もある（切り取りエッジとして全オブジェクトを選択したときと同じ結果が得られる）．
- トリムコマンドでオブジェクトを切り取るとき，コマンドウィンドウのメッセージに「トリムするオブジェクトを選択　または［Shift］を押して延長するオブジェクトを選択」と表示される．これは，トリムコマンドの実行時に［Shift］キーを押すと，延長コマンドの実行に切り替えることができる．ただし，境界エッジがなければ延長されない．同様に，延長コマンドを［Shift］キーでトリムコマンドに切り替えることができる．

演習 4・9　プレス打ち抜き材 ②

内　　容	操　作　手　順
入力画面を準備する．	入力画面の設定方法 2 による．
水平と垂直の中心線を作成する．	ステータスバー の［カーソルの動きを直交に強制］を（SEL）し，直交モードにする． CENTER の画層を現在層にする． **［作成］/線分** を（SEL） 　画面左中央の任意の点 を（SEL） 　画面右中央の任意の点 を（SEL）　　　　　　　　　　　　　‥‥（水平の中心線） 　（右）ショートカットメニュー の［Enter］を（SEL） 　以下略
水平の中心線を上下に 20 mm と 29 mm オフセットする． 同様に，垂直の中心線を左右に 8 mm オフセットする．	ステータスバー の［カーソルの動きを直交に強制］を（SEL）し，直交モードを解除． **［修正］/オフセット** を（SEL） 　20 ［Enter］ 　以下略
幅 100 mm，高さ 120 mm の長方形を作成する．	OBJECTS の画層を現在層にする． **［作成］/線分** を（SEL） 　以下略
長方形の左右の垂直の線分を内側に 10 mm オフセットする．①	**［修正］/オフセット** を（SEL） 　以下略
点 A と点 B を結ぶ線分の垂直二等分線 CD を作成する．②	**［作成］/円/中心，半径** を（SEL） 　交点 A を O スナップ 　30 ［Enter］ 　（右）ショートカットメニュー の［繰り返し］を（SEL） 　交点 B を O スナップ 　30 ［Enter］ **［作成］/線分** を（SEL） 　交点 C を O スナップ 　交点 D を O スナップ 　（右）ショートカットメニュー の［Enter］を（SEL）
円弧の部分を作成する．③	**［作成］/円/中心，半径** を（SEL） 　交点 E を O スナップ 　交点 A を O スナップ
不要部分を削除とトリムで消去する．④	**［修正］/削除** を（SEL） 　以下略
水平の中心線 FG に対称に円弧部分の鏡像を作成する．	**［修正］/鏡像** を（SEL） 　円弧 を（SEL） 　（右） 　端点 F を O スナップ 　端点 G を O スナップ 　［いいえ(N)］を（SEL）
垂直の中心線 HI に対称に 2 円弧の鏡像を作成する．	**［修正］/鏡像** を（SEL） 　2 円弧 を順次（SEL） 　（右） 　端点 H を O スナップ 　端点 I を O スナップ 　［いいえ(N)］を（SEL）
不要オブジェクトを消去する．	**［修正］/削除** を（SEL） 　以下略

演習 4・10　プレス打ち抜き材 ③

内　　　容	操　作　手　順
入力画面を準備する.	入力画面の設定方法 2 による.
一辺の長さ 50 mm の正方形を作成する. ①	OBJECTS の画層を現在層にする. **[作成]/線分** を（SEL） 　画面中央左の任意の点 A を（SEL） 　@50, 0 ［Enter］ 　以下略
交点 A から線分 AD に 30 度の線分を作成する.	**[作成]/線分** を（SEL） 　交点 A を O スナップ 　@55<60 ［Enter］ 　（右）ショートカットメニュー の［Enter］を（SEL）　‥‥（少し長めに作成）
交点 D からいま作成した斜めの線分に対し垂線を作成する. ②	**[作成]/線分** を（SEL） 　交点 D を O スナップ 　斜めの線分 を O スナップ（垂線） 　（右）ショートカットメニュー の［Enter］を（SEL）
②で作成した垂線に平行な線分を作成する. ③	**[修正]/オフセット** を（SEL） 　30 ［Enter］ 　以下略
③で作成した線分の端点と交点 D を結ぶ線分を作成する. ④	**[作成]/線分** を（SEL） 　垂線の端点 D を O スナップ 　他方の垂線の端点 を O スナップ 　（右）ショートカットメニュー の［Enter］を（SEL）
角部をフィレットで丸め，不要部分をトリムで消去する. ⑤	**[修正]/フィレット** を（SEL） 　［半径(R)］を（SEL）// 8 ［Enter］//［複数(M)］を（SEL） 　角を構成する線分 を（SEL） 　角を構成する他方の線分 を（SEL） 　以下略 **[修正]/トリム** を（SEL） 　以下略
正方形を形成する線分 AB, BC, CD 以外のオブジェクトを円形状に配列複写する. ⑥	まず，配列複写のための回転中心を準備する. **[作成]/線分** を（SEL） 　交点 A を O スナップ 　交点 C を O スナップ 　（右）ショートカットメニュー の［Enter］を（SEL） **[修正]/円形状配列複写** を（SEL） 　（オブジェクトを選択：）3 線分以外のすべてのオブジェクト を（SEL） 　（オブジェクトを選択：）（右） 　（配列複写の中心を指定……：）対角線 AC の中点 を O スナップ 　［項目］で 　（項目：）4 と入力 　（埋める：）360 と入力 　［閉じる］/［配列複写を閉じる］を（SEL）
不要部分をトリムまたは削除で消去する.	**[修正]/トリム** を（SEL） 　以下略
寸法を記入する.	**[寸法]/長さ寸法記入** を（SEL） 　（1 本目の寸法補助線の起点を指定：）交点 E を O スナップ 　（2 本目の寸法補助線の起点を指定：）端点 F を O スナップ 　（寸法線の位置を指定……：）［回転(R)］を（SEL） 　（寸法線の角度を指定：）60 ［Enter］ 　（寸法線の位置を指定……：）寸法線を記入する位置 を（SEL） 　以下略

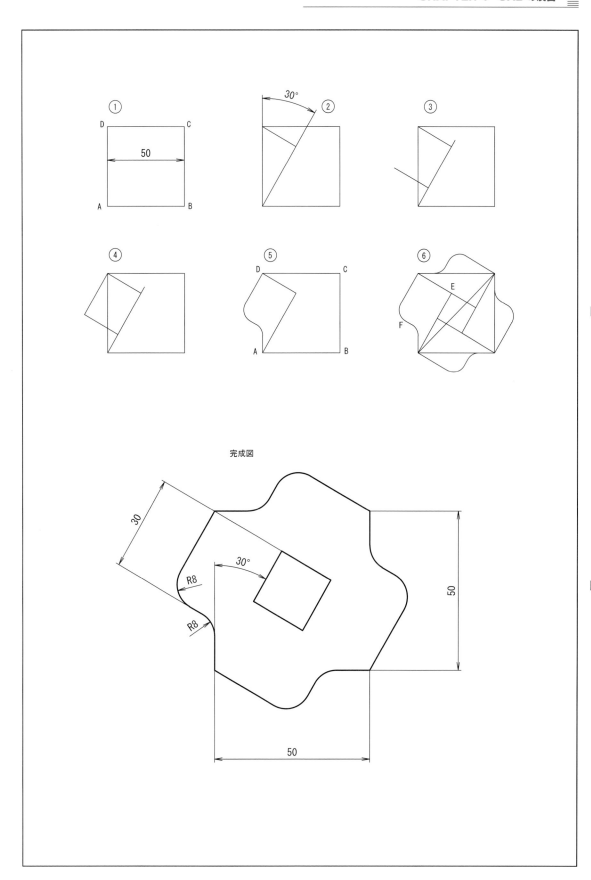

CHAPTER 4　CADの演習

⇄ 演習4・11　板製スパナ

内　　　容	操　作　手　順
入力画面を準備する.	入力画面の設定方法2による.
水平の中心線ABと3本の垂直の中心線を作成する.	ステータスバーの［カーソルの動きを直交に強制］を（SEL）し，直交モードにする. CENTERの画層を現在層にする. **［作成］/線分**　を（SEL） 　以下略
中心線ABを上に9 mmと11 mm，下に9 mmオフセットする．同様に，C点を通る垂直の中心線を左に10 mm，右に20 mmオフセットする．①	ステータスバーの［カーソルの動きを直交に強制］を（SEL）し，直交モードを解除. **［修正］/オフセット**　を（SEL） 　9　［Enter］ 　中心線AB　を（SEL） 　上側の任意の点　を（SEL） 　中心線AB　を（SEL） 　下側の任意の点　を（SEL） 　［終了(E)］を（SEL） 　以下略
角部をフィレットで半径5 mmに丸める.	**［修正］/フィレット**　を（SEL） 　［半径(R)］を（SEL） 　5　［Enter］ 　角部を形成する線分　を（SEL） 　角部を形成する他方の線分　を（SEL）
外形線になるオブジェクトをCENTERからOBJECTSの画層を現在層にする．②	最初に作成した4本の中心線以外のすべてのオブジェクト　を（SEL） 　［画層］画層名表示欄▼　を（SEL） 　OBJECTS　を（SEL） 　［Esc］
半径25 mmと50 mmの円を作成する．③	OBJECTSの画層を現在層にする. **［作成］/円/中心, 半径**　を（SEL） 　交点C　をOスナップ 　25　［Enter］ 　（右）ショートカットメニューの［繰り返し］を（SEL） 　交点D　をOスナップ 　50　［Enter］
不要部分をトリムする.	省略
半径50 mmの円弧を6 mm内側にオフセットする．④	**［修正］/オフセット**　を（SEL） 　6　［Enter］ 　半径50 mmの円弧　を（SEL） 　中心側の任意の点　を（SEL） 　［終了(E)］を（SEL）
半径6 mmの円を作成する．⑤	**［作成］/円/中心, 半径**　を（SEL） 　交点E　をOスナップ 　6　［Enter］
不要部分をトリムする．⑥	省略
水平の中心線ABに対称に鏡像を作成する．⑦	**［修正］/鏡像**　を（SEL） 　鏡像に必要なすべてのオブジェクト　を（SEL） 　（右） 　端点A　をOスナップ//端点B　をOスナップ 　［いいえ(N)］を（SEL）
垂直の中心線FGに対称に鏡像を作成し，不要部分を消去する.	**［修正］/鏡像**　を（SEL） 　以下略

CHAPTER 4　CADの演習

完成図

演習 4・11　板製スパナ

CHAPTER 4　CADの演習

演習 4・12　プレス打ち抜き材 ④

内　　　　容	操　作　手　順
入力画面を準備する.	入力画面の設定方法 2 による.
長さ 55 mm の水平の線分 AB を作成する.	OBJECTS の画層を現在層にする. [作成]/線分 を（SEL） 　画面中央左の任意の点 A を（SEL） 　@55, 0 ［Enter］// (右) ショートカットメニュー の ［Enter］を（SEL）
線分 AB の左の端点 A から 35 mm の点 C を中心とする半径 32.5 mm の円を作成する. ①	[作成]/円/中心, 半径 を（SEL） 　［Shift］＋（右） 　［基点設定］を（SEL） 　線分 AB の左の端点 A を O スナップ 　@35, 0 ［Enter］// 32.5 ［Enter］
線分 AB の右の端点 B を中心とする半径 30 mm の円を作成する. ②	[作成]/円/中心, 半径 を（SEL） 　線分 AB の右の端点 B を O スナップ 　30 ［Enter］
2 つの円の交点 D と半径 32.5 mm の円の中心 C を結ぶ線分を作成する.	[作成]/線分 を（SEL） 　2 つの円の交点 D を O スナップ 　半径 32.5 mm の円の中心 C を O スナップ 　(右) ショートカットメニュー の ［Enter］を（SEL）
2 つの円の交点 D と水平の線分 AB の右の端点 B を結ぶ線分を作成する. ③	[作成]/線分 を（SEL） 　2 つの円の交点 D を O スナップ 　水平の線分 AB の右の端点 B を O スナップ 　(右) ショートカットメニュー の ［Enter］を（SEL）
不要になった 2 つの円を消去する.	[修正]/削除 を（SEL） 　2 つの円 を（SEL）//（右）
線分 CD を左に 35 mm 移動する. ④	[修正]/移動 を（SEL） 　線分 CD を（SEL）//（右） 　交点 C を O スナップ 　線分 AB の左の端点 A を O スナップ
端点 E と端点 D を結ぶ線分 DE を作成する.	[作成]/線分 を（SEL） 　線分 AE の端点 E を O スナップ 　線分 BD の端点 D を O スナップ 　(右) ショートカットメニュー の ［Enter］を（SEL）
点 A, B, D, E に半径 4 mm と 7.5 mm の円を作成する.	[作成]/円/中心, 半径 を（SEL） 　以下略
線分 AB を交点 A を基点に, 線分 ED を交点 E を基点に, それぞれ－5 度回転する.	[修正]/回転 を（SEL） 　線分 AB を（SEL）//（右） 　交点 A を O スナップ//－5 ［Enter］ 同様にして線分 ED も回転する.
角部をフィレットで丸め, 不要部分をトリムと削除で消去する.	[修正]/フィレット を（SEL） 　以下略
寸法を記入し, 精度を確認する.	[寸法]/平行寸法 を（SEL） 　点 B を O スナップ（中心） 　点 D を O スナップ（中心） 　以下略

TIPS　基点設定

■ コマンド実行中に点を求めるプロンプトに対して, ある位置からのオフセット位置を指定するときに使用する.

CHAPTER 4 CAD の演習

①

②

③

④

完成図

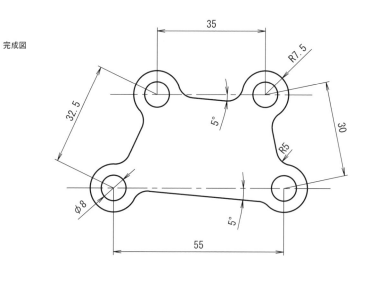

演習 4・12 プレス打ち抜き材 ④

181

TIPS	コマンドプレビュー

■ 修正コマンドでは，結果がプレビュー表示され，確定前に確認ができる．これにより，間違った結果を元に戻してやり直すということがなくなる．
また，ハッチングコマンドも同様に，操作を終了する前に，ハッチング結果をプレビュー確認できる．

図4・1　オフセットコマンドのプレビュー表示

図4・2　面取りコマンドのプレビュー表示

TIPS	カーソルバッチ

■ カーソルの形は，コマンドが選択されていない状態では作図領域上でクロスヘアカーソルと呼ばれる十字の形状をしている．コマンドが選択されていないと，オブジェクトを選択するピックボックスと呼ばれる四角いボックスつきで表示され（図4・3），線分を作図するときなど位置を指定するときは，十字の形状のみ表示される（図4・4）．修正コマンドでオブジェクトを選択するときは，ピックボックスになる（図4・5）．
また，以下のコマンドでは，カーソルバッチと呼ばれるマークがカーソル右上に表示され，作業内容を把握しながら操作を進めることができる．カーソルバッチは非表示にすることもできる．
　削除／移動／複写／回転／尺度変更／トリム／ズーム
　面積計算／距離計算／位置表示／オブジェクト情報／マスプロパティ／ジオメトリ計測

■ カーソルバッチを非表示にする：

　　　　　CURSORBADGE　［Enter］
　　　　　（GALLERYVIEW の新しい値を入力：）　1　［Enter］　　　‥‥（カーソルバッチが非表示なる表示する場合は値2）

図4・3

図4・4

図4・5

図4・6　削除コマンド実行時のカーソルバッチ
　　　　（削除を意味する✘マーク）

図4・7　回転コマンド実行時のカーソルバッチ
　　　　（回転を意味する↻マーク）

CHAPTER 5 AutoCAD LT による機械製図

CHAPTER 5　AutoCAD LT による機械製図

　機械製図は，機械製図の知識とこれまでの基本操作で習得した CAD のコマンドが自由自在に使いこなせれば，時間はかかるが，誰でも容易にできる．

　さて，立体の形状を表現するには，一般にはいくつかの投影図を使う．もし，ひとつの投影図で表現できればベストである．この一面図で完全に表現できない場合には二面図で，さらに必要なら三面図と投影図を増やしていくが，投影図の数が増えれば複雑で難しいというわけではない．しかし，CAD の操作手順からみると類似点が多い．

　そこで，本章の演習では，"一面図"，"二面図"，"三面図など"のように分類した．

5・1　一　面　図

ひとつの投影図のみで立体を表現する一面図から始めよう．

演習 5・1　板厚の表示

内　　容	操　作　手　順
入力画面を準備する．	入力画面の設定方法 2 による．
外形を作成する．	OBJECTS の画層を現在層にする． 画面中央左の任意の点 E′ から順に線分を作成する． **[作成]/線分**　を（SEL） 　画面左の任意の点 E′　を（SEL） 　@0, −30　[Enter] 　@68, 0　[Enter] 　@43, 58　[Enter] 　（右）ショートカットメニュー の [Enter] を（SEL）　　　　　…① **[修正]/オフセット**　を（SEL） 　70　[Enter] 　線分 BC　を（SEL） 　線分 BC の左側の任意の点　を（SEL）// [終了(E)] を（SEL） **[作成]/線分**　を（SEL） 　端点 C　をOスナップ//端点 D　をOスナップ 　（右）ショートカットメニュー の [Enter] を（SEL）　　　　　…② **[修正]/フィレット**　を（SEL） 　[半径（R）] を（SEL） 　0　[Enter] 　線分 AE′　を（SEL）//線分 DE″　を（SEL）　　　　　　　　…③
直径 20 mm の円を作成する．④	**[作成]/円/中心,直径**　を（SEL） 　[Shift] ＋（右） 　[基点設定] を（SEL） 　交点 A　をOスナップ 　@45, 32　[Enter] // 20　[Enter]
板厚を記入する．	TEXT の画層を現在層にする． **[注釈]/文字記入**　を（SEL） 　（文字列の始点を指定……：）板厚を記入したい任意の位置　を（SEL） 　（高さを指定：）2.5　[Enter] 　（文字列の角度を指定：）0　[Enter] 　（文字列を入力：）t3　[Enter] 　（文字列を入力：）[Enter]
水平寸法，直列寸法を記入する．	DIMS の画層を現在層にする． **[寸法]/長さ寸法記入**　を（SEL） 　交点 A　をOスナップ//交点 B　をOスナップ 　寸法線を記入したい位置　を（SEL） **[寸法]/直列寸法記入**　を（SEL） 　交点 C　をOスナップ
平行寸法を記入する．	**[寸法]/平行寸法記入**　を（SEL）//（右）　…（直接オブジェクトを選択する） 　線分 CD　を（SEL） 　寸法線を記入したい位置　を（SEL）
残りの寸法を記入する．	省略

184

演習 5・1 板厚の表示

演習 5・2　φと□付き寸法

　機械製図以外ではあまり使われない製図上でのルールがいくつかある．たとえば，文字による板厚の表示方法や公差，機械要素の略図法，断面が円形であるとき，その形を図に表さないで円形であることを示す場合には，直径の記号φを寸法数値の前に記入する．正方形の場合には□を寸法数値の前に記入する．

内　　容	操　作　手　順
入力画面を準備する．	入力画面の設定方法2による．
外形線作成の準備をする．①	ステータスバー の［カーソルの動きを直交に強制］を（SEL）し，直交モードにする． OBJECTS の画層を現在層にする． **［作成］/線分** を（SEL） 　約 110 mm の水平線を画面中央に作成する． 　約 100 mm の垂直線を画面左に作成する．
水平線を上下に 10 mm, 14 mm, 40 mm オフセットする．	**［修正］/オフセット** を（SEL） 　10　［Enter］ 　水平線 を（SEL） 　上側の任意の点 を（SEL） 　水平線 を（SEL） 　下側の任意の点 を（SEL） 　以下略
垂直線を右に 63 mm, 88 mm, 100 mm オフセットする．②	**［修正］/オフセット** を（SEL） 　63　［Enter］ 　垂直線 を（SEL） 　右側の任意の点 を（SEL） 　［終了(E)］を（SEL） //（右）ショートカットメニュー の［繰り返し］を（SEL） 　88　［Enter］ 　垂直線 を（SEL） 　以下略
不要部分をトリムまたは削除で消去し，外形線を仕上げる．③	**［修正］/トリム** を（SEL） 　以下略
中心線を OBJECTS から CENTER の画層を現在層にする．	中心線にする線分 を（SEL） 　［画層］画層名表示欄 ▼ を（SEL） 　CENTER を（SEL） 　［Esc］ ステータスバー の［カーソルの動きを直交に強制］を（SEL）し，直交モードを解除．
平面を表す対角線を作成する．	TEXT の画面に移動する．　　　　　　　　　　…（対角線をTEXTと同じ細い実線で作成） **［作成］/線分** を（SEL） 　以下略
寸法を記入する．	DIMS の画層を現在層にする． **［寸法］/長さ寸法記入** を（SEL） 　（右） 　　φ80 を記入する線分 AB を（SEL） 　［寸法値（T）］を（SEL） 　%%C<>　［Enter］　　　　　　　　　　　　　　　　　…（φ80 の寸法） 　寸法線を記入する位置 を（SEL） **［寸法］/長さ寸法記入** を（SEL） 　（右） 　　□28 を記入する線分 DE を（SEL） 　［寸法値（T）］を（SEL） 　□<>　［Enter］　　　　　　　　　　　　　　　…（□は日本語入力モードで入力する） 　寸法線を記入する位置 を（SEL） **［寸法］/長さ寸法記入** を（SEL） 　左上の交点 C を O スナップ 　右上の交点 D を O スナップ 　寸法線を記入する位置 を（SEL） 　以下略

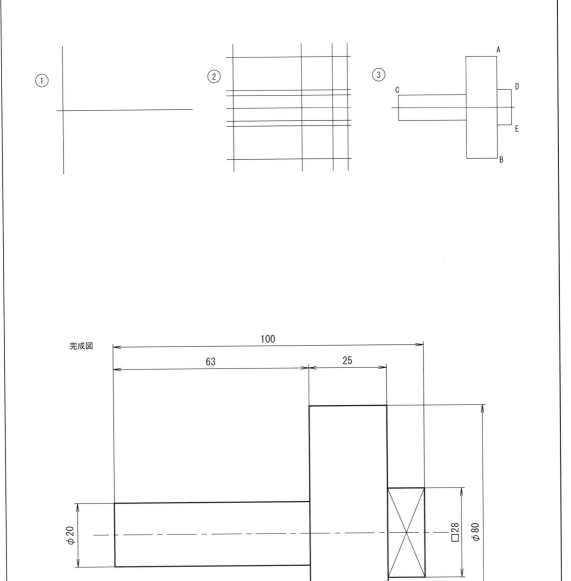

演習5・3　ボルト略図

内　　容	操　作　手　順
入力画面を準備する.	入力画面の設定方法2による.
外形線作成の準備をする. ①	ステータスバー の［カーソルの動きを直交に強制］を（SEL）し，直交モードにする. OBJECTS の画層を現在層にする. **[作成]/線分** を（SEL） 　約 100 mm の水平線を画面中央に作成する. 　約 45 mm の垂直線を水平線の左端に作成する.
垂直線を 15 mm, 30 mm, 55 mm, 70 mm, 90 mm 右側に, 水平線を上下に 8 mm, 10 mm, 20 mm オフセットする. ②	**[修正]/オフセット** を（SEL） 　15　［Enter］ 　垂直線　を（SEL） 　以下略
不要な部分をトリムまたは削除で消去する. ③	**[修正]/トリム** を（SEL） 　以下略
半径 30 mm の円と半径 20 mm の円を作成する. ④	**[作成]/円/中心,半径** を（SEL） 　交点 A を O スナップ 　以下略
ボルトの頭部の小円弧を作成する. ⑤	**[作成]/線分** を（SEL） 　交点 E を O スナップ 　点 F を通る線分の任意の点　を O スナップ（垂線） 　（右）ショートカットメニュー の［Enter］を（SEL） **[作成]/円/3点** を（SEL） 　交点 F を O スナップ 　点 G を通る線分の任意の点　を O スナップ（接線） 　交点 E を O スナップ
不要な部分をトリムまたは削除で消去する.	**[修正]/トリム** を（SEL） 　以下略
不完全ねじ部を作成する. ⑥	**[作成]/線分** を（SEL） 　完全ねじを示す線分の端点 H を O スナップ 　@4<150　［Enter］// （右）ショートカットメニュー の［Enter］を（SEL）
頭部の面取り部の小円弧と不完全ねじ部の線分の鏡像を作成する. ⑦	**[修正]/鏡像** を（SEL） 　小円弧 を（SEL） 　不完全ねじ部の線分　を（SEL） 　以下略
中心線を OBJECTS の画層から CENTER の画層へ移動する.	中心線にする線分　を（SEL） ［画層］画層名表示欄 ▼ を（SEL） CENTER を（SEL） ［Esc］
ねじ底の線を OBJECTS の画層から TEXT の画層へ移動する.	不完全ねじ部を含め，ねじ底となる線分のすべて　を（SEL） ［画層］画層名表示欄 ▼ を（SEL） TEXT を（SEL） ［Esc］
引出線を記入する.	**[寸法]/マルチ引出線** を（SEL） 　矢の先端 を（SEL） 　指定した点から右上の任意の点　を（SEL）//（右） 　M20 と入力 　［テキストエディタ］タブ［閉じる］/［エディタを閉じる］を（SEL）
長さ寸法を記入する.	省略

CHAPTER 5　AutoCAD LT による機械製図

演習 5・4　ボルト 2（ストレッチ）

演習 5・3 の"ボルト略図"で作成した①を修正し，首下長さの異なるボルト②，ねじ部の長さの異なるボルト③や呼び径の異なるボルト④を作成する．

内　　容	操　作　手　順
演習 5・3 で作成したボルト略図を入力画面に呼び出す．	**[ファイル]/開く…**　を（SEL） （ドライブ：）　J：　を（SEL）　　　　　　　…（ファイルの場所） （ファイル名：）　B_NRYAKU.dwg　を（SEL） 　　　　　　　　　　　　　　　　…（演習 5・3 "ボルト略図" 参照） [開く]
ボルト①を約 60 mm 下に複写する．	**[修正]/複写**　を（SEL） ボルト①の寸法を含む全オブジェクト　を（SEL） （右） 0，－60　[Enter] [終了(E)]　を（SEL）
いま複写したボルトを首下長さが 100 mm のボルトに修正する．②	**[修正]/ストレッチ**　を（SEL） いま複写したボルトの任意の点 A　を（SEL） 任意の点 B　を（SEL） （右） 25，0　[Enter] [Enter]
ボルト②を約 60 mm 下に複写する．	**[修正]/複写**　を（SEL） ボルト②の寸法を含む全オブジェクト　を（SEL） （右） 0，－60　[Enter] [Enter]
ねじ部の長さが 25 mm のボルトに修正する．③	**[修正]/ストレッチ**　を（SEL） いま複写したボルトの任意の点 C　を（SEL） 任意の点 D　を（SEL） （右） －10，0　[Enter] [Enter]
ボルト③を約 60 mm 下に複写する．	**[修正]/複写**　を（SEL） ボルト③の寸法を含む全オブジェクト　を（SEL） （右） 0，－60　[Enter] [Enter]
いま複写したボルトのサイズを 1/2 に尺度変更で縮小する．	**[修正]/尺度変更**　を（SEL） いま複写したボルトの全オブジェクト　を（SEL） （右） ボルト頭部の交点 E　を O スナップ 0.5　[Enter]
呼び径 10 mm，首下長さ 100 mm，ねじ部の長さが 25 mm のボルトに修正する．④	まず，首下長さを 100 mm に修正する． **[修正]/ストレッチ**　を（SEL） 　以下略 ねじ部を 25 mm に修正する． **[修正]/ストレッチ**　を（SEL） 　以下略 寸法線の位置を修正する． **[修正]/ストレッチ**　を（SEL） 　以下略
引出線，全体の配置などを修正する．	省略

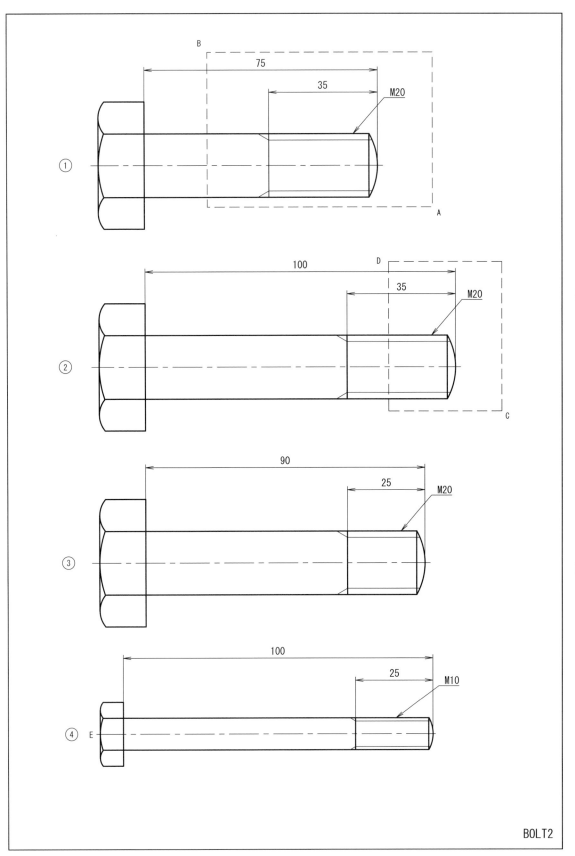

CHAPTER 5　AutoCAD LTによる機械製図

⇄　演習5・5　公差の記入

内　　　容	操　作　手　順
入力画面を準備する．	入力画面の設定方法2による．
一辺の長さ60 mmの正五角形を作成する．	OBJECTSの画層を現在層にする． **[作成]/ポリゴン**　を（SEL） 　5　[Enter] 　[エッジ（E）]　を（SEL） 　画面左下の任意の点A　を（SEL） 　@60，0　[Enter]
10 mm内側にオフセットした正五角形を作成する．	**[修正]/オフセット**　を（SEL） 　10　[Enter] 　いま作成した正五角形　を（SEL） 　正五角形の内側の任意の点　を（SEL） 　[終了(E)]　を（SEL）
中心線となる内側の正五角形をOBJECTSの画層からCENTERの画層へ移動する．①	内側の正五角形　を（SEL） 　[画層] 画層名表示欄 ▼　を（SEL） 　CENTER　を（SEL） 　[Esc]
外側の正五角形の外接円を作成する．	TEXTの画層を現在層にする．　……（円を細い実線のTEXTの画層で作成） **[作成]/円/3点**　を（SEL） 　交点A　を（SEL） 　以下略
平面図の水平と垂直の中心線を作成する．	CENTERの画層を現在層にする． **[作成]/線分**　を（SEL） 　外側の正五角形の外接円の四半円点　を（SEL） 　以下略
交点Bに8 mmの円と，その円に外接する正六角形を作成する．	OBJECTSの画層を現在層にする． **[作成]/円/中心，半径**　を（SEL） 　交点B　をOスナップ 　4　[Enter] **[作成]/ポリゴン**　を（SEL） 　6　[Enter] 　交点B　をOスナップ 　[外接（C）]　を（SEL） 　4　[Enter]
交点Bより左側12 mmと右側12 mmに正六角形を複写する．②	**[修正]/複写**　を（SEL） 　以下略
3個の正六角形をセットで円形状に配列複写する．	**[修正]/円形状配列複写**　を（SEL） 　（オブジェクトを選択：）　3個の正六角形　を（SEL） 　（オブジェクトを選択：）　（右） 　（配列複写の中心を指定……：）　外接円の中心　をOスナップ 　[項目] で 　（項目：）　5　と入力 　（埋める：）　360　と入力 　[閉じる]/[配列複写を閉じる]　を（SEL）

平面図の残りの外形線を作成する．③	省略	
正面図を作成する．	省略	
寸法を記入する．	DIMS の画層を現在層にする． 以下略	
正面図の寸法（12 mm）に公差を記入する．	12 の寸法　を（SEL） （右）ショートカットメニュー　の［オブジェクトプロパティ管理］を（SEL） 　許容差欄 　　［許容差表示］を（SEL） 　　　▼　を（SEL） 　　　上下　を（SEL） 　　［許容差のマイナス値］　0.2　と入力 　　［許容差のプラス値］　0　と入力 　　［許容差の垂直方向の位置］を（SEL） 　　　▼　を（SEL） 　　　中央　を（SEL） 　　［許容差の精度］を（SEL） 　　　▼　を（SEL） 　　　0.00　を（SEL） 　　［許容差の接頭の 0 を省略］を（SEL） 　　　▼　を（SEL） 　　　いいえ　を（SEL） 　　［許容差の末尾の 0 を省略］を（SEL） 　　　▼　を（SEL） 　　　いいえ　を（SEL） 　　［許容差の文字高さ］　0.5　と入力　　　…（寸法数値の 0.5 のサイズ） ［Esc］	
正面図の寸法（5 mm）に公差を記入する．	5 の寸法　を（SEL） 　許容差欄 　　［許容差表示］を（SEL） 　　　▼　を（SEL） 　　　1 つ　を（SEL） 　　［許容差のプラス値］　0.2　と入力 　　［許容差の垂直方向の位置］を（SEL） 　　　▼　を（SEL） 　　　中央　を（SEL） 　　［許容差の精度］を（SEL） 　　　▼　を（SEL） 　　　0.00　を（SEL） 　　［許容差の接頭の 0 を省略］を（SEL） 　　　▼　を（SEL） 　　　いいえ　を（SEL） 　　［許容差の末尾の 0 を省略］を（SEL） 　　　▼　を（SEL） 　　　いいえ　を（SEL） 　　［許容差の文字高さ］　1　と入力　　　…（寸法数値と同じサイズ） 　✕　を（SEL）　　　　　　　　　　　　…（プロパティパレットを閉じる） ［Esc］	

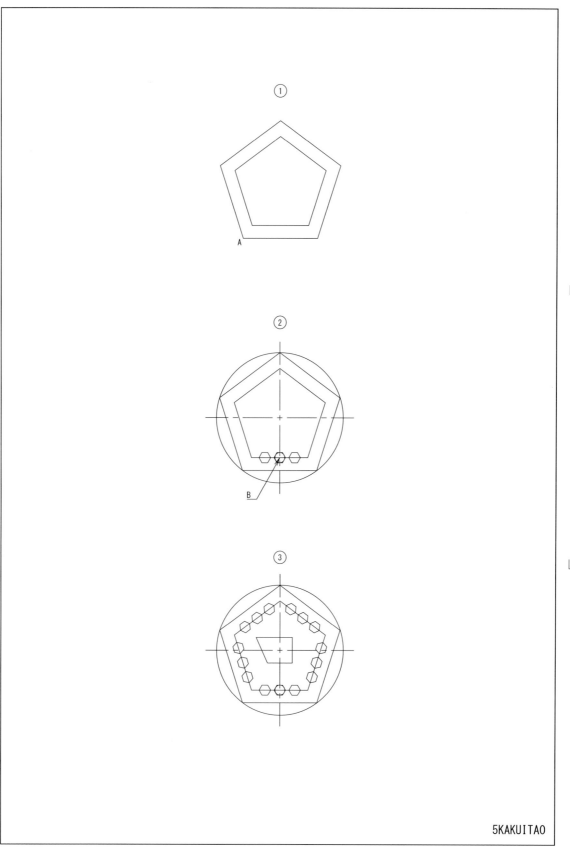

演習 5・6　ロッカーアーム

内　　　容	操　作　手　順
入力画面を準備する.	入力画面の設定方法 2 による.
中心線を作成する.	CENTER の画層を現在層にする. ステータスバー の［カーソルの動きを直交に強制］を（SEL）し，直交モードにする. **[作成]/線分** を（SEL） 　以下略
同心円を 3 個作成する．①	ステータスバー の［カーソルの動きを直交に強制］を（SEL）し，直交モードを解除. OBJECTS の画層を現在層にする. **[作成]/円/中心, 半径** を（SEL） 　中心線の交点 X　を O スナップ 　10　［Enter］ いま作成した円を 8 mm，12.5 mm オフセットする. **[修正]/オフセット** を（SEL） 　8　［Enter］ 　円　を（SEL） 　円の外側の任意の点　を（SEL） 　[終了(E)] を（SEL）//（右）ショートカットメニュー の［繰り返し］を（SEL） 　以下略
垂直の中心線を 100 mm 左側にオフセットする. （画面に向かって左側）	**[修正]/オフセット** を（SEL） 　100　［Enter］ 　垂直の中心線　を（SEL） 　垂直の中心線の左側の任意の点　を（SEL） 　[終了(E)] を（SEL）
線分 BC を作成する．②	**[修正]/オフセット** を（SEL） 　5　［Enter］ 　水平の中心線 AX　を（SEL） 　中心線の上側の任意の点　を（SEL） 　[終了(E)] を（SEL） 　（右）ショートカットメニュー の［繰り返し］を（SEL） 　15　［Enter］ 　水平の中心線 AX　を（SEL） 　中心線の下側の任意の点　を（SEL） 　[終了(E)] を（SEL） **[作成]/線分** を（SEL） 　交点 A　を O スナップ 　@4<75　［Enter］ 　（右）ショートカットメニュー の［Enter］を（SEL） いま作成した線分を B 点と C 点まで延長する. **[修正]/延長** を（SEL） 　以下略
線分 CD を作成する.	**[作成]/線分** を（SEL） 　端点 C　を O スナップ 　@25<15　［Enter］ 　（右）ショートカットメニュー の［Enter］を（SEL）
線分 CD を 3 mm，6 mm 下側にオフセットする.	**[修正]/オフセット** を（SEL） 　3　［Enter］ 　線分 CD　を（SEL） 　線分 CD の下側の任意の点　を（SEL） 　[終了(E)] を（SEL）//（右）ショートカットメニュー の［繰り返し］を（SEL） 　以下略
線分 CE と DF を作成する．③	**[作成]/線分** を（SEL） 　端点 C　を O スナップ 　端点 E　を O スナップ 　以下略

演習 5・6 ロッカーアーム

線分 BC を右に 30 mm オフセットする．	**[修正]/オフセット**　　を（SEL） 　30　［Enter］ 　線分 BC　を（SEL） 　線分 BC の右側の任意の点　を（SEL） 　［終了(E)］を（SEL）	
半径 10 mm の円弧部分作成の準備をする．④	水平の中心線を下側に 10 mm オフセットする． **[修正]/オフセット**　　を（SEL） 　以下略 端点 D を中心とする半径 10 mm の円を作成する． **[作成]/円/中心, 半径**　　を（SEL） 　端点 D　を O スナップ 　10　［Enter］	
半径 10 mm の円を移動する．⑤	**[修正]/移動**　　を（SEL） 　いま作成した円　を（SEL） 　円の中心　を O スナップ 　交点 H　を O スナップ	
半径 30 mm の円弧部分を作成する．⑥	**[作成]/円/中心, 半径**　　を（SEL） 　端点 G　を O スナップ 　端点 B　を O スナップ	
スリッパ部の円弧を作成する．⑦	**[作成]/円弧/3点**　　を（SEL） 　端点 I　を O スナップ 　中点 K　を O スナップ 　端点 J　を O スナップ	
半径 200 mm の円弧部分を作成する．	**[作成]/円/接点, 接点, 半径**　　を（SEL） 　半径 30 mm の円の任意の点 L　を（SEL） 　半径 22.5 mm の円の任意の点 M　を（SEL） 　200　［Enter］	
半径 100 mm の円弧部分を作成する．⑧	**[作成]/円/接点, 接点, 半径**　　を（SEL） 　半径 10 mm の円の任意の点 N　を（SEL） 　半径 22.5 mm の円の任意の点 P　を（SEL） 　100　［Enter］	
不要部分をトリムまたは削除で消去する．	**[修正]/トリム**　　を（SEL） 　以下略	
穴の円弧部分を作成する．⑨ （外側の円弧を内側に 8 mm オフセットする．）	**[修正]/オフセット**　　を（SEL） 　8　［Enter］ 　半径 200 mm の円弧　を（SEL） 　円弧の内側の任意の点　を（SEL） 　［終了(E)］を（SEL） 　（右）ショートカットメニュー の［繰り返し］を（SEL） 　（右）ショートカットメニュー の［Enter］を（SEL） 　　　　　　　　　　　　　　　‥‥（オフセット距離〈8〉確定） 　半径 100 mm の円弧　を（SEL） 　円弧の外側の任意の点　を（SEL） 　［終了(E)］を（SEL） 　（右）ショートカットメニュー の［繰り返し］を（SEL） 　（右）ショートカットメニュー の［Enter］を（SEL） 　半径 30 mm の円弧　を（SEL） 　円弧の内側の任意の点　を（SEL） 　［終了(E)］を（SEL） 　（右）ショートカットメニュー の［繰り返し］を（SEL） 　（右）ショートカットメニュー の［Enter］を（SEL） 　半径 10 mm の円弧　を（SEL） 　円弧の外側の任意の点　を（SEL） 　［終了(E)］を（SEL）	
フィレットで穴の円弧の接続部を半径 4 mm の円弧で丸める．	**[修正]/フィレット**　　を（SEL） 　以下略	
不要部分をトリムまたは削除で消去する．	**[修正]/トリム**　　を（SEL） 　以下略	
板厚，寸法を記入する．	省略	

演習 5・6 ロッカアーム

5・2 二　面　図

　二面図，三面図や補助投影図のように，複数の投影図を作図する場合には，FブロックやVブロックに見られるように，1つの投影図を完成し，オブジェクトスナップをうまく活用して隣の投影図を作成する方法と，U継手で見られるように，碁盤目状に線分を作成し，不要な部分をトリムや削除コマンドによって消去して2つ投影図を同時に作成する方法とがある．前者のほうが一見簡単そうであるが，実務では一方に偏らず，両者を組み合わせて作図するとよい．

　ここでとり上げた演習でも，オブジェクトスナップを多用するケースのみでなく，碁盤目状に下書き線を作成してから仕上げていく場合，さらに線種は気にしないで作図し，ほぼ完成してからそれぞれの画層にオブジェクトを移動して仕上げるケースというように変化をもたせた．ケースバイケースで使いやすい手法で実行すればよい．

演習5・7　Fブロック

内　　容	操　作　手　順
入力画面を準備する．	入力画面の設定方法2による．
線分ABを作成する．①	OBJECTSの画層を現在層にする． ステータスバー の［カーソルの動きを直交に強制］を（SEL）し，直交モードにする． ［作成］/線分 を（SEL） 　画面中央上の任意の点A を（SEL） 　カーソルを点Aの下側に移動する． 　80　［Enter］//（右）ショートカットメニュー の［Enter］を（SEL）
線分ABを右に40 mm，58 mm オフセットする．②	［修正］/オフセット を（SEL） 　40　［Enter］ 　線分AB を（SEL）//線分ABの右側の任意の点 を（SEL）//［終了(E)］を（SEL） 　（右）ショートカットメニュー の［繰り返し］を（SEL） 　58　［Enter］ 　線分AB を（SEL）//線分ABの右側の任意の点 を（SEL）//［終了(E)］を（SEL）
正面図の外形線を作成する．③	［作成］/線分 を（SEL） 　端点A をOスナップ 　カーソルを端点Aの左側に移動する．//40　［Enter］　　　……（直接距離入力） 　@-20，-20　［Enter］ 　カーソルを下側に移動し，10　［Enter］ 　カーソルを右側に移動し，10　［Enter］ 　カーソルを下側に移動し，50　［Enter］ 　カーソルを右側に移動し，20　［Enter］ 　カーソルを上側に移動し，25　［Enter］ 　@18，15　［Enter］ 　カーソルを右側に移動する．//12　［Enter］ 　（右）ショートカットメニュー の［Enter］を（SEL）
正面図の主要な点から線分CDに垂線を作成する．	［作成］/線分 を（SEL） 　交点A をOスナップ//線分CD をOスナップ（垂線） 　（右）ショートカットメニュー の［Enter］を（SEL） 　（右）ショートカットメニュー の［繰り返し］を（SEL） 　端点B をOスナップ//線分CD をOスナップ（垂線） 　（右）ショートカットメニュー の［Enter］を（SEL） 　（右）ショートカットメニュー の［繰り返し］を（SEL） 　交点E をOスナップ//線分CD をOスナップ（垂線） 　（右）ショートカットメニュー の［Enter］を（SEL） 　（右）ショートカットメニュー の［繰り返し］を（SEL） 　交点F をOスナップ//線分CD をOスナップ（垂線） 　（右）ショートカットメニュー の［Enter］を（SEL） 　（右）ショートカットメニュー の［繰り返し］を（SEL） 　以下略
不要部分をトリムまたは削除で消去する．④	［修正］/トリム を（SEL） 　以下略
かくれ線をHIDDENの画層を現在層にする．	省略
寸法を記入する．	省略

5・2 二 面 図

演習 5・7 F ブロック

MODEL3K

演習 5・8　V ブロック

内　　容	操　作　手　順
入力画面を準備する.	入力画面の設定方法2による.
平面図の中心線ABを作成する. ①	ステータスバー の［カーソルの動きを直交に強制］を（SEL）し，直交モードにする. CENTERの画層を現在層にする. **[作成]/線分** を（SEL） 　画面中央上の任意の点A を（SEL） 　@0，−40 ［Enter］ 　（右）ショートカットメニュー の［Enter］を（SEL）
中心線ABを左右に45 mmオフセットする.	**[修正]/オフセット** を（SEL） 　45 ［Enter］ 　線分AB を（SEL） 　線分ABの左側 を（SEL） 　線分AB を（SEL） 　線分ABの右側 を（SEL） 　［終了(E)］を（SEL）
線分CDを作成する.	OBJECTSの画層を現在層にする. **[作成]/線分** を（SEL） 　任意の点C を（SEL） 　線分DF をOスナップ（垂線） 　（右）ショートカットメニュー の［Enter］を（SEL）
線分CDを下に30 mmオフセットし，線分EFを作成する. ②	**[修正]/オフセット** を（SEL） 　30 ［Enter］ 　線分CD を（SEL） 　線分CDの下側 を（SEL） 　［終了(E)］を（SEL）
角のはみ出している部分をフィレットで消去する. ③	**[修正]/フィレット** を（SEL） 　［半径(R)］を（SEL） 　0 ［Enter］ 　［複数(M)］を（SEL） 　線分CE を（SEL） 　線分CD を（SEL） 　線分CD を（SEL） 　線分DF を（SEL） 　以下略
線分CE，DFをOBJECTSの画層を現在層にする. ④	線分CE を（SEL） 線分DF を（SEL） ［画層］画層名表示欄▼ を（SEL） OBJECTS を（SEL） ［Esc］

演習 5・8 Ｖブロック

VBLOCK

平面図の線分 EF を 30 mm，55 mm，60 mm，80 mm オフセットして，正面図の水平の4線分を作成する．⑤	[修正]/オフセット　を（SEL） 30　［Enter］ 線分 EF　を（SEL） 線分 EF の下側　を（SEL） ［終了(E)］を（SEL） （右）ショートカットメニュー の［繰り返し］を（SEL） 55　［Enter］ 線分 EF　を（SEL） 線分 EF の下側　を（SEL） ［終了(E)］を（SEL） （右）ショートカットメニュー の［繰り返し］を（SEL） 60　［Enter］ 線分 EF　を（SEL） 線分 EF の下側　を（SEL） ［終了(E)］を（SEL） （右）ショートカットメニュー の［繰り返し］を（SEL） 80　［Enter］ 線分 EF　を（SEL） 線分 EF の下側　を（SEL） ［Enter］	
平面図の主要ポイントを正面図に反映させ，正面図の垂直の線分を作成する．	[作成]/線分　を（SEL） 端点 E　をOスナップ 線分 GH　をOスナップ（垂線） （右）ショートカットメニュー の［Enter］を（SEL） （右）ショートカットメニュー の［繰り返し］を（SEL） 以下略	
正面図の中心線を作成する．	CENTER の画層を現在層にする． [作成]/線分　を（SEL） 　端点 B　をOスナップ 　線分 GH　をOスナップ（垂線）	
いま作成した線分を 5 mm 下に移動する．⑥	[修正]/移動　を（SEL） 　いま作成した線分　を（SEL） 　0，－5　［Enter］ 　［Enter］	
斜めの線分を作成する．⑦	ステータスバー の［カーソルの動きを直交に強制］を（SEL）し，直交モードを解除． OBJECTS の画層を現在層にする． [作成]/線分　を（SEL） 　交点　をOスナップ 　他方の交点　をOスナップ 　以下略	
正面図と平面図の間の不要部分をトリムで消去する．⑧	[修正]/トリム　を（SEL） 　線分 EF　を（SEL） 　線分 JK　を（SEL） 　（右） 　消去したい部分　を順次 SEL 　（右）ショートカットメニュー の［Enter］を（SEL）	
不要な部分をトリムまたは削除で消去する．	[修正]/トリム　を（SEL） 　以下略	
寸法を記入する．	省略	

5・2 二面図

演習5・8 Vブロック

VBLOCK0

205

演習 5・9 U	継　手
内　　容	操　作　手　順
入力画面を準備する.	入力画面の設定方法 2 による.
線分 AB を作成し，上下に 7.5 mm，15 mm，16 mm，25 mm オフセットする．	ステータスバー の［カーソルの動きを直交に強制］を（SEL）し，直交モードにする． OBJECTS の画層を現在層にする． **[作成]/線分**　を（SEL） 　画面中央左の点 A　を（SEL） 　@100, 0 ［Enter］　　　　　　　　　　　　　　　　　　　　　　　　　　…（線分 AB） 　（右）ショートカットメニュー の［Enter］を（SEL） **[修正]/オフセット**　を（SEL） 　7.5 ［Enter］ 　線分 AB　を（SEL） 　線分 AB 上側の任意の点　を（SEL） 　線分 AB　を（SEL） 　線分 AB 下側の任意の点　を（SEL） 　［終了(E)］を（SEL） 　以下略
線分 AB を 70 mm 下側にオフセットし，線分 CD を作成する．	**[修正]/オフセット**　を（SEL） 　70 ［Enter］ 　線分 AB　を（SEL） 　線分 AB 下側の任意の点　を（SEL） 　［終了(E)］を（SEL）
線分 CD を上下に 7.5 mm，16 mm，20 mm オフセットする．	**[修正]/オフセット**　を（SEL） 　以下略
垂直の線分を作成する．	**[作成]/線分**　を（SEL） 　画面左下の任意の点 E　を（SEL） 　画面左上の任意の点 F　を（SEL） 　（右）ショートカットメニュー の［Enter］を（SEL）
線分 EF を右側に 30 mm，40 mm，60 mm，70 mm，80 mm，90 mm オフセットする．①	**[修正]/オフセット**　を（SEL） 　30 ［Enter］ 　以下略
交点 G に半径 10 mm と 20 mm の円を作成する．	**[作成]/円/中心, 半径**　を（SEL） 　以下略
半径 5 mm の丸み（4 か所）を作成する．②	**[修正]/フィレット**　を（SEL） 　［半径(R)］を（SEL） 　5 ［Enter］ 　［複数(M)］を（SEL） 　丸みをつける角の 2 線分　を（SEL） 　以下略
不要な部分をトリムまたは削除で消去する．	**[修正]/トリム**　を（SEL） 　以下略
中心線は OBJECTS から CENTER の画層へ，かくれ線は HIDDEN の画層へ移動する．	中心線にする線分　を（SEL） ［画層］画層表示欄 ▼　を（SEL） CENTER　を（SEL） ［Esc］ かくれ線にする線分　を（SEL） ［画層］画層表示欄 ▼　を（SEL） HIDDEN　を（SEL） ［Esc］
寸法を記入する．	省略

5・2 二面図

① ②

完成図

演習 5・9 U 継手

UTSUGITE

207

CHAPTER 5　AutoCAD LT による機械製図

演習 5・10　ダ イ ア ル

内　　　容	操　作　手　順
入力画面を準備する．	入力画面の設定方法 2 による．
正面図と右側面図の水平の中心線を作成する．	ステータスバー の［カーソルの動きを直交に強制］を（SEL）し，直交モードにする． OBJECTS の画層を現在層にする． ［作成］/**線分**　を（SEL） 　画面中央の任意の点 A　を（SEL） 　以下略
右側面図の垂直の中心線と，水平の中心線に対し 45 度と－45度の中心線を円形状配列複写によって作成する．	［修正］/**円形状配列複写**　を（SEL） （オブジェクトを選択：）　水平の中心線 AB　を（SEL） （オブジェクトを選択：）　（右） （……中心を指定……：）　水平の中心線 AB の中点　を O スナップ ［項目］で （項目：）　4　と入力 （埋める：）　135　と入力 ［閉じる］/［配列複写を閉じる］　を（SEL）
交点 C に直径 72 mm と 60 mm の円を作成する．	［作成］/**円**/**中心，半径**　を（SEL） 交点 C　を O スナップ 36　［Enter］ （右）ショートカットメニュー　の［繰り返し］を（SEL） 交点 C　を O スナップ 30　［Enter］
交点 B に半径 8 mm の円を作成する．①	［作成］/**円**/**中心，半径**　を（SEL） 交点 C　を O スナップ 8　［Enter］
半径 8 mm の円の不要部分をトリムで消去し，円弧にする．	［修正］/**トリム**　を（SEL） 以下略

TIPS　配列複写の自動調整

■ 配列複写コマンドでは，「自動調整」という設定で，複写元のオブジェクトと複写されたオブジェクト間の関係が保持される．この設定により，「項目」や「間隔」などの値を変更する場合は，配列複写されたオブジェクトのどこか一ヵ所を選択すれば，「配列複写」のコンテキストタブが表示され，設定変更が容易にできる．
　また，［**配列複写**］タブ［**オプション**］/［**元のオブジェクトを編集**］を実行して，複写元のオブジェクトを修正すると，複写されているオブジェクトも自動的に変更される．
　配列複写されたオブジェクト間の関連付けを解除し，個々の独立したオブジェクトにするには，「分解」コマンドを実行する．また，複写元と複写されたオブジェクトを別々の形に修正する場合などは，あらかじめ，関連付けされる「自動調整」の設定をオフにしておくこともできる．

■ 分解コマンドで関連付けを解除：

　［ホーム］タブ［**修正**］/**分解**　を（SEL）
　（オブジェクトを選択：）　配列複写されたまとまりオブジェクト　を（SEL）
　（オブジェクトを選択：）　（右）

■ 「自動調整」をオフにする．（関連付けを解除して配列複写）：

　［**配列複写作成**］タブ［**オブジェクトプロパティ管理**］/**自動調整**　を（SEL）　　　……（ハイライトをオフにする）
　　以下略　　　　　　　　　　　　　　　　　　　　　　　　　　　　　　　　　　　　　　……（他の設定をする）
　［閉じる］/配列複写を閉じる　を（SEL）

演習 5・10 ダイアル

円弧を円形状に配列複写する.	[修正]/**円形状配列複写** を（SEL）	
	（オブジェクトを選択：） 円弧 を（SEL）	
	（オブジェクトを選択：） （右）	
	（……中心を指定……：） 円の中心 をOスナップ	
	［項目］で	
	（項目：） 8 と入力	
	（埋める：） 360 と入力	
	［閉じる］/［配列複写を閉じる］を（SEL）	
線分 DE を左側に 55 mm，83 mm，87 mm，96 mm，100 mm オフセットし，正面図作成の準備をする．②	[修正]/**オフセット** を（SEL）	
	55 ［Enter］	
	線分 DE を（SEL）	
	線分 DE の左側の任意の点 を（SEL）	
	［終了(E)］を（SEL）	
	（右）ショートカットメニュー の［繰り返し］を（SEL）	
	83 ［Enter］	
	線分 DE を（SEL）	
	線分 DE の左側の任意の点 を（SEL）	
	［終了(E)］を（SEL）	
	（右）ショートカットメニュー の［繰り返し］を（SEL）	
	以下略	
右側面図の主要ポイントを正面図に反映させる．③	[作成]/**線分** を（SEL）	
	直径 72 mm の円の上の四半円点 をOスナップ	
	左端の線分の左側の任意の点 を（SEL）	
	以下略	
トリムと削除で不要部分を消去し，正面図の上半分を作成する．④	[修正]/**トリム** を（SEL）	
	以下略	
正面図の上半分の図の鏡像を作成する．	[修正]/**鏡像** を（SEL）	
	水平の中心線より上の全オブジェクト を（SEL）	
	（右）	
	中心線の端点 をOスナップ	
	中心線の他方の端点 をOスナップ	
	［いいえ(N)］を（SEL）	
不要部分を消去し，不足部分を補い，寸法を記入する．	[修正]/**トリム** を（SEL）	
	以下略	
	寸法/**長さ寸法** を（SEL）	
	以下略	
スライド寸法を作成する．（φ60）	[注釈]タブ［寸法記入］/**スライド寸法** を（SEL）	
	φ60 の寸法 を（SEL）	
	（右）	
	30 ［Enter］	
中心線は CENTER の，かくれ線は HIDDEN の画層を現在層にする．	中心線にする線分 を（SEL）	
	［画層］画層名表示欄▼ を（SEL）	
	CENTER を（SEL）	
	［Esc］	
	かくれ線にする線分 を（SEL）	
	［画層］画層名表示欄▼ を（SEL）	
	HIDDEN を（SEL）	
	［Esc］	
	ステータスバー の［カーソルの動きを直交に強制］を（SEL）し，直交モードを解除.	

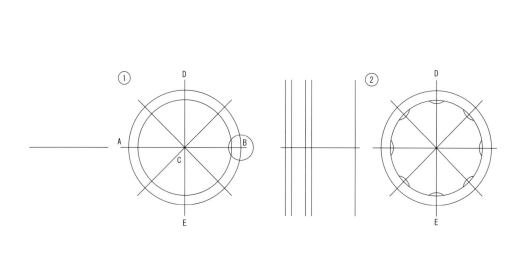

演習 5・10 ダイアル

DIALO

CHAPTER 5　AutoCAD LT による機械製図

⇄ 演習 5・11　共 口 ス パ ナ

　一般に，実際の機械部品はかなり複雑な形状をしている．しかし，その複雑な形状が，CAD の操作を習得するうえでそれほど重要な意味をもたないと考えられる場合は，紙面の都合で簡素化してある．それでも1～2頁ですべての操作手順を文字のみで表現するのは至難である．図面の余白などを利用して，操作手順を示すいくつかの説明図によってそれを補っている．

　スパナには両口スパナ，片口スパナ，共口スパナなどがあるが，ここでは，CAD 演習用として最も適切と思われる共口スパナをとり上げてみた．

内　　容	操　作　手　順
入力画面を準備する．	入力画面の設定方法 2 による．
中心線を作成する．	CENTER の画層を現在層にする． ステータスバー の［カーソルの動きを直交に強制］を（SEL）し，直交モードにする． **[作成]/線分**　を（SEL） 　画面左の任意の点 A　を（SEL） 　画面右の任意の点 B　を（SEL） 　（右）ショートカットメニュー の［Enter］を（SEL） 　（右）ショートカットメニュー の［繰り返し］を（SEL） 　画面中央の任意の点 C　を（SEL） 　画面中央の任意の点 D　を（SEL） 　（右）ショートカットメニュー の［Enter］を（SEL）
左の頭部を作成する．	OBJECTS の画層を現在層にする． ステータスバー の［カーソルの動きを直交に強制］を（SEL）し，直交モードを解除． **[作成]/円/中心,半径**　を（SEL） 　以下略
左の頭部に寸法を記入する．	DIMS の画層を現在層にする． **[寸法]/半径寸法記入**　を（SEL） 　以下略
回転図示断面図を作成する．	OBJECTS の画層を現在層にする． **[作成]/線分**　を（SEL） 　以下略
32 mm 幅の柄の部分を作成する．①	直線部分を作成する． **[作成]/線分**　を（SEL） 　以下略
	破断線部分を作成する． TEXT の画層を現在層にする．　　　　　　　　…（破断線を TEXT と同じ細い実線で作成） **[作成]/スプラインフィット**　を（SEL） 　以下略
中心線 CD に対する鏡像を作成する．②	**[修正]/鏡像**　を（SEL） 　回転断面図と中心線を除く全オブジェクト　を（SEL） 　（右） 　線分 CD の端点 C　を O スナップ 　線分 CD の端点 D　を O スナップ 　［いいえ(N)］を（SEL）

演習 5・11 井口スパナ

右の頭部を交点Eを中心として15度回転する．③	**[修正]/回転** を（SEL） 　右の頭部を形成する全オブジェクト　を（SEL） 　（右） 　交点E　をOスナップ 　15　[Enter]
左右の頭部と柄の4接続部に円/接点，接点，半径コマンドで丸みをつける．④ （フィレットコマンドでも可）	OBJECTSの画層を現在層にする． **[作成]/円/接点，接点，半径** を（SEL） 　線分　を（SEL） 　円弧　を（SEL）　　……〔右上のみR23の円弧，他はR44の円弧　を（SEL）〕 　20　[Enter] **[作成]/円/接点，接点，半径** を（SEL） 　線分　を（SEL） 　円弧　を（SEL） 　20　[Enter] **[作成]/円/接点，接点，半径** を（SEL） 　線分　を（SEL） 　以下略
不要部分をトリムまたは削除で消去し，柄の部分を完成する．	**[修正]/トリム** を（SEL） 　以下略
正面図の主要ポイントを平面図に反映し，平面図を作成する．	省略
寸法を記入し，図面を完成する．	DIMSの画層を現在層にする． 　以下略
角度寸法を整数表記に設定する．	整数表記する角度寸法　を（SEL） （右）ショートカットメニュー　の［精度］を（SEL） 　0　を（SEL）

TIPS　プロパティパレットで寸法値精度を変更

■ 角度寸法値を整数表記に変更する操作手順

　変更する寸法オブジェクト　を（SEL）
　（右）［オブジェクトプロパティ管理］を（SEL）
　基本単位欄
　（角度の精度）　0　を（SEL）
　☒　を（SEL）
　[ESC]

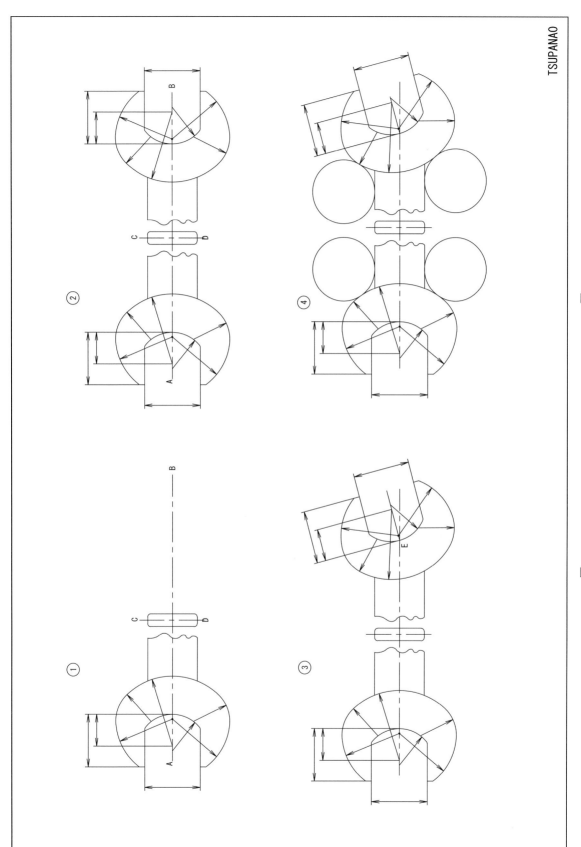

演習 5・11 共口スパナ

演習 5・12　コンロッド

内　容	操　作　手　順
入力画面を準備する.	入力画面の設定方法 2 による.
大端と小端の円の中心を通る水平と垂直の中心線を作成する.	ステータスバー の［カーソルの動きを直交に強制］を（SEL）し，直交モードにする. CENTER の画層を現在層にする. **［作成］/線分**　を（SEL） 　以下略
大端，小端の円を作成する.	ステータスバー の［カーソルの動きを直交に強制］を（SEL）し，直交モードを解除. OBJECTS の画層を現在層にする. **［作成］/円/中心, 直径**　を（SEL） 　小端側の交点 A　を O スナップ 　15　［Enter］ **［作成］/円/中心, 直径**　を（SEL） 　大端側の交点 B　を O スナップ 　40　［Enter］ **［修正］/オフセット**　を（SEL） 　5　［Enter］ 　φ15 の円　を（SEL） 　円の外側の任意の点　を（SEL） 　［終了(E)］を（SEL） 　（右）ショートカットメニュー の［繰り返し］を（SEL） 　10　［Enter］ 　φ40 の円　を（SEL） 　円の外側の任意の点　を（SEL） 　［終了(E)］を（SEL）
垂直の中心線を左側に 9 mm と 20 mm オフセットする.	**［修正］/オフセット**　を（SEL） 　9　［Enter］ 　垂直の中心線　を（SEL） 　左側の任意の点　を（SEL） 　［終了(E)］を（SEL） 　（右）ショートカットメニュー の［繰り返し］を（SEL） 　20　［Enter］ 　垂直の中心線　を（SEL） 　左側の任意の点　を（SEL） 　［終了(E)］を（SEL）
交点 C から交点 D に線分を作成する.	**［作成］/線分**　を（SEL） 　交点 C　を O スナップ 　交点 D　を O スナップ 　（右）ショートカットメニュー の［Enter］を（SEL）
線分の両端に半径 20 mm の丸みを作成する. ①	**［修正］/フィレット**　を（SEL） 　［半径(R)］を（SEL） 　20　［Enter］ 　［トリム(T)］を（SEL） 　［非トリム(N)］を（SEL）　　　　　　　　　…（非トリムモードにする） 　［複数(M)］を（SEL） 　φ60 の円　を（SEL） 　線分 CD　を（SEL） 　以下略
線分 CD を 3 線分に分割する.	まず，小端側を分割する.　　　　　　　　　　　…（演習 3・22 "部分削除" 参照） **［修正］/部分削除**　を（SEL） 　線分 CD　を（SEL） 　［1 点目(F)］を（SEL） 　円弧と線分の交点　を O スナップ 　@　［Enter］ 大端側も同様に分割し，3 線分とする.

5・2 二面図

演習 5・12 コンロッド

CONROD

補助線を細い実線に変更する. ②	変更する 2 つの線分 を（SEL） ［画層］画層名表示欄▼ を（SEL） TEXT を（SEL） ［Esc］	
ロッド部分の外形線と補助線の鏡像を中心線の右側に作成する.	**［修正］**/**鏡像** を（SEL） 　以下略	
右側面図の作成の準備として垂直の線分を作成する.	ステータスバー の［カーソルの動きを直交に強制］を（SEL）し，直交モードにする. **［作成］**/**線分** を（SEL） 　画面右上の任意の点 E を（SEL） 　画面右下の任意の点 F を（SEL） 　（右）ショートカットメニュー の［Enter］を（SEL） 線分 EF を左に 5，9，12，15，18，25 mm オフセットする. **［修正］**/**オフセット** を（SEL） 　以下略	
右側面図の作成の準備として水平の線分を作成する. ③	**［作成］**/**線分** を（SEL） 　φ 25 の円の四半円点 G を O スナップ 　任意の点 H を（SEL） 　（右）ショートカットメニュー の［Enter］を（SEL） 　（右）ショートカットメニュー の［繰り返し］を（SEL） 　φ 15 の円の四半円点 J を O スナップ 　任意の点 K を（SEL） 　以下略	
穴の部分の円弧を作成する. ④	**［作成］**/**円弧**/**3点** を（SEL） 　交点 L を O スナップ 　交点 M を O スナップ 　交点 N を O スナップ 　（右）ショートカットメニュー の［繰り返し］を（SEL） 　交点 P を O スナップ 　交点 Q を O スナップ 　交点 R を O スナップ	
不足部分を補い，不要部分は削除またはトリムで消去する.	省略	
かくれ線は HIDDEN の画層に，補助線は TEXT の画層に，中心線と想像線は CENTER の画層を現在層にする.	かくれ線にする線分 を（SEL） ［画層］画層名表示欄▼ を（SEL） HIDDEN を（SEL） ［Esc］ 中心線と想像線にする線分 を（SEL） ［画層］画層名表示欄▼ を（SEL） CENTER を（SEL） ［Esc］ 　以下略	
寸法を記入する.	18 mm と 40 mm の水平寸法を記入する.　　　　　　　　　‥‥（その他の操作手順は省略） **［寸法］**/**長さ寸法記入** を（SEL） 　交点 C を O スナップ 　他方の交点 を O スナップ 　寸法線の記入位置 を（SEL） 　以下略	
スライド寸法に変更する.	**［寸法］**/**スライド寸法** を（SEL） 　18 mm の水平寸法 を（SEL） 　40 mm の水平寸法 を（SEL） 　（右） 　60［Enter］	

演習5・13 星形プレート

内　　　容	操　作　手　順
入力画面を準備する.	入力画面の設定方法2による.
中心線を作成する.	CENTERの画層を現在層にする. **［作成］/線分**　を（SEL） 　画面中央の任意の点A　を（SEL） 　@0, 65 ［Enter］//（右）ショートカットメニュー の［Enter］を（SEL） **［作成］/円/中心, 半径**　を（SEL） 　端点A　をOスナップ 　50 ［Enter］
5個の円を作成する.	OBJECTSの画層を現在層にする. **［作成］/円/中心, 半径**　を（SEL） 　端点A　をOスナップ 　15 ［Enter］//（右）ショートカットメニュー の［繰り返し］を（SEL） 　交点B　をOスナップ 　5 ［Enter］ **［修正］/オフセット**　を（SEL） 　5 ［Enter］ 　φ30の円　を（SEL） 　φ30の円の外側の任意の点　を（SEL） 　いま作成したφ40の円　を（SEL） 　φ40の円の外側の任意の点　を（SEL） 　φ10の円　を（SEL） 　φ10の円の外側の任意の点　を（SEL） 　［終了(E)］を（SEL）
円と円の間に接線を作成する. ①	**［作成］/線分**　を（SEL） 　φ40の円　をOスナップ（接線） 　φ20の円　をOスナップ（接線） 　（右）ショートカットメニュー の［Enter］を（SEL） 　（右）ショートカットメニュー の［繰り返し］を（SEL） 　φ30の円　をOスナップ（接線） 　φ10の円　をOスナップ（接線） 　以下略
肉抜き部Cの角部を丸める.	**［修正］/フィレット**　を（SEL） 　［半径(R)］を（SEL）//2 ［Enter］ 　［複数(M)］を（SEL） 　［トリム(T)］を（SEL） 　［トリム(T)］を（SEL） 　　　　…（演習5・12で設定した非トリムモードからトリムモードに変更する） 　線分　を（SEL） 　円上の任意の点　を（SEL） 　以下略
不要部分をトリムまたは削除で消去する. ②	**［修正］/トリム**　を（SEL） 　以下略
φ30, φ40とφ100の円を除く全オブジェクトを円形状に配列複写する. ③	**［修正］/円形状配列複写**　を（SEL） 　（オブジェクトを選択：）配列複写する全オブジェクト　を（SEL） 　（オブジェクトを選択：）（右） 　（配列複写の中心を指定……：）端点A　をOスナップ 　［項目］で 　（項目：）6　と入力 　（埋める：）360　と入力 　［閉じる］/［配列複写を閉じる］を（SEL）
いま配列複写したオブジェクト間の角部を丸める.	**［修正］/フィレット**　を（SEL） 　以下略
右側面図を作成する.	省略
寸法を記入する.	省略

CHAPTER 5　AutoCAD LT による機械製図

⇄ 演習 5・14　フランジ継手

内　　容	操　作　手　順
入力画面を準備する．	入力画面の設定方法 2 による．
右側面図の垂直の中心線を作成する．①	OBJECTS の画層を現在層にする．　　　…（後で CENTER の画層を現在層にする） [作成]/**線分**　を（SEL） 　画面中央右の任意の点 A　を（SEL） 　@0，70　［Enter］ 　（右）ショートカットメニュー の ［Enter］ を（SEL）
いま作成した線分を円形状に配列複写する．②	[修正]/**円形状配列複写**　を（SEL） 　（オブジェクトを選択：）　垂直の線分　を（SEL） 　（オブジェクトを選択：）　（右） 　（配列複写の中心を指定……：）　端点 A　を O スナップ 　［項目］で 　（項目：）　5　と入力 　（埋める：）　180　と入力 　[オブジェクトプロパティ管理]/方向　を（SEL） 　[配列複写を閉じる] を（SEL）
交点 A に直径 51 mm の円を作成する．③	[作成]/**円**/**中心,直径**　を（SEL） 　交点 A　を O スナップ 　51　［Enter］
直径 51 mm の円を外側に 7 mm，さらに 5 mm，さらに 2.5 mm，さらに 5 mm，さらに 9 mm，さらに 11 mm オフセットする．④	[修正]/**オフセット**　を（SEL） 　7　［Enter］ 　φ51 の円　を（SEL） 　φ51 の円の外側　を（SEL） 　[終了(E)] を（SEL） 　（右）ショートカットメニュー の ［繰り返し］を（SEL） 　5　［Enter］ 　いま作成した φ65 の円　を（SEL） 　φ65 の円の外側　を（SEL） 　以下略
交点 B に直径 10 mm の円を作成する．	[作成]/**円**/**中心,直径**　を（SEL） 　交点 B　を O スナップ 　10　［Enter］
直径 10 mm の円を 5 個円形状に配列複写する．	[修正]/**円形状配列複写**　を（SEL） 　（オブジェクトを選択：）　直径 10 mm の円　を（SEL） 　（オブジェクトを選択：）　（右） 　（配列複写の中心を指定……：）　端点 A　を O スナップ 　［項目］で 　（項目：）　5　と入力 　（埋める：）　180　と入力 　[オブジェクトプロパティ管理]/方向　を（SEL） 　[閉じる]/[配列複写を閉じる] を（SEL）
右側面図の不要部分をトリムまたは削除で消去する．⑤	[修正]/**トリム**　を（SEL） 　以下略

> **TIPS**　円形状配列複写コマンドの「方向」
>
> ■ 円形状配列複写コマンドでは，オブジェクトは反時計回り（左回り）に複写される．リボンパネル「オブジェクトプロパティ管理」にある ［方向］ボタンを選択してボタンのハイライトをオフにすると，オブジェクトを時計回り（右回り）に複写できる．

演習 5・14　フランジ継手

正面図作成の準備として垂直の線分CDを左に70 mm, さらに8 mm, さらに8 mm, さらに1 mm, さらに1 mm, さらに4 mm, さらに1 mm, さらに22 mm オフセットする. ⑥	[修正]/オフセット　を（SEL） 　70　[Enter] 　線分CD　を（SEL） 　線分CDの左側　を（SEL） 　[終了(E)]　を（SEL） 　（右）ショートカットメニュー　の［繰り返し］を（SEL） 　8　[Enter] 　いま作成した線分　を（SEL） 　線分の左側　を（SEL） 　以下略	
右側面図の主要ポイントを正面図に反映する. ⑦	ステータスバー　の［カーソルの動きを直交に強制］を（SEL）し，直交モードにする． [作成]/線分　を（SEL） 　交点（または四半円点）E　をOスナップ 　画面左の任意の点F　を（SEL） 　（右）ショートカットメニュー　の［Enter］を（SEL） 　（右）ショートカットメニュー　の［繰り返し］を（SEL） 　交点G　をOスナップ 　画面左の任意の点H　を（SEL） 　以下略	
トリム, 削除, フィレットなどにより正面図の上半分を作成する. ⑧	省略	
Jを通る水平の中心線に対称に正面図の上半分の鏡像を作成する.	[修正]/鏡像　を（SEL） 　正面図の中心線より上の全オブジェクト　を（SEL） 　端点J　をOスナップ 　他方の端点　をOスナップ 　[いいえ(N)]　を（SEL）	
不足部分があれば補い, 不要部分は削除またはトリムで消去する.	省略	
中心線はCENTERの, かくれ線はHIDDENの画層を現在層にする.	ステータスバー　の［カーソルの動きを直交に強制］を（SEL）し，直交モードを解除． かくれ線にする全オブジェクト　を（SEL） 　［画層］画層名表示欄▼　を（SEL） 　HIDDEN　を（SEL） 　[Esc] 中心線にする全線分　を（SEL） 　［画層］画層名表示欄▼　を（SEL） 　CENTER　を（SEL） 　[Esc]	
断面にハッチングを施す.	TEXTの画層を現在層にする． [作成]/ハッチング　を（SEL） 　［ハッチング作成］タブ［パターン］/ANSI31　を（SEL） 　［プロパティ］で 　（角度：）　0　と入力 　（ハッチングパターンの尺度：）　1　と入力 　［境界］/［点をクリック］を（SEL） 　（内側の点をクリック……：）　ハッチングを施す断面部分　を（SEL） 　［閉じる］/［ハッチング作成を閉じる］を（SEL）	
寸法を記入する.	省略	

演習 5・14 フランジ継手

演習 5・15　シ　リ　ン　ダ

内　　　　容	操　作　手　順
入力画面を準備する．	入力画面の設定方法 2 による．
平面図の水平と垂直の中心線を作成する．	OBJECTS の画層を現在層にする．　　　　…（後で CENTER の画層を現在層にする） ステータスバー の［カーソルの動きを直交に強制］を（SEL）し，直交モードにする． **［作成］/線分**　を（SEL） 　以下略
交点 A に 4 個の円を作成する．	**［作成］/円/中心, 直径**　を（SEL） 　中心線の交点 A　を O スナップ 　55　［Enter］ **［修正］/オフセット**　を（SEL） 　3.5　［Enter］ 　いま作成した φ 55 の円　を（SEL） 　φ 55 の円の外側　を（SEL） 　［終了(E)］を（SEL）//（右）ショートカットメニュー の［繰り返し］を（SEL） 　2　［Enter］ 　いま作成した φ 62 の円　を（SEL） 　φ 62 の円の外側　を（SEL） 　［終了(E)］を（SEL）//（右）ショートカットメニュー の［繰り返し］を（SEL） 　6　［Enter］ 　いま作成した φ 66 の円　を（SEL） 　φ 66 の円の外側　を（SEL） 　［終了(E)］を（SEL）
交点 A に楕円を作成する．①	**［作成］/楕円/中心記入**　を（SEL） 　交点 A　を O スナップ 　@60, 0　［Enter］//@0, 40　［Enter］
φ 55 の円の左側の四半円点 B の接線と楕円の上側の四半円点 C の接線との交点 E に半径 8 mm の円弧を作成する．②	**［作成］/線分**　を（SEL） 　φ 55 の円の左側の四半円点 B　を O スナップ 　求める交点 E の上側の任意の点　を（SEL） 　（右）ショートカットメニュー の［Enter］を（SEL） 　（右）ショートカットメニュー の［繰り返し］を（SEL） 　楕円の上側の四半円点 C　を O スナップ 　求める交点 E の左側の任意の点　を（SEL） 　（右）ショートカットメニュー の［Enter］を（SEL） **［作成］/円/中心, 半径**　を（SEL） 　交点 E　を O スナップ 　8　［Enter］ **［修正］/トリム**　を（SEL） 　以下略
円弧の鏡像を垂直の中心線の右側に作成する．	**［修正］/鏡像**　を（SEL） 　円弧　を（SEL） 　（右） 　端点 C　を O スナップ 　端点 D　を O スナップ 　［いいえ(N)］を（SEL）
2 個の円弧の鏡像を水平の中心線の下側に作成する．③	**［修正］/鏡像**　を（SEL） 　2 円弧　を（SEL） 　（右） 　端点 F　を O スナップ 　端点 G　を O スナップ 　［いいえ(N)］を（SEL）
正面図作成の準備として水平の線分 FG を下側に 70 mm，さらに 1.5 mm，さらに 3 mm，さらに 85.5 mm オフセットなどする．④	**［修正］/オフセット**　を（SEL） 　70　［Enter］ 　線分 FG　を（SEL） 　線分 FG の下側の任意の点　を（SEL） 　［終了(E)］を（SEL）//（右）ショートカットメニュー の［繰り返し］を（SEL） 　1.5　［Enter］

5・2 二 面 図

演習 5・15 シリンダ

CYLINDER

	いまオフセットした線分 HI を（SEL） 線分 HI の下側の任意の点 を（SEL） ［終了（E）］を（SEL）//（右）ショートカットメニュー の［繰り返し］を（SEL） 3 ［Enter］ いまオフセットした線分 JK を（SEL） 線分 JK の下側の任意の点 を（SEL） ［終了（E）］を（SEL）//（右）ショートカットメニュー の［繰り返し］を（SEL） 85.5 ［Enter］ いまオフセットした線分 LM を（SEL） 線分 LM の下側の任意の点 を（SEL） ［終了（E）］を（SEL）//（右）ショートカットメニュー の［繰り返し］を（SEL） 13 ［Enter］ 線分 JK を（SEL） 線分 JK の下側の任意の点 を（SEL） いまオフセットした線分 を（SEL） 線分の下側の任意の点 を（SEL） 途中略 線分 LM を（SEL） 線分 LM の下側の任意の点 を（SEL） いまオフセットした線分 を（SEL） 以下略
平面図の主要ポイントを正面図に反映する．⑤	［作成］/線分 を（SEL） 平面図側の交点 P を O スナップ 正面図側の任意の点 Q を（SEL） （右）ショートカットメニュー の［Enter］を（SEL） （右）ショートカットメニュー の［繰り返し］を（SEL） 平面図側の交点 R を O スナップ 正面図側の任意の点 S を（SEL） （右）ショートカットメニュー の［Enter］を（SEL） 以下略
不要部分をトリムまたは削除によって消去する．	［修正］/トリム を（SEL） 以下略
角部をフィレットで丸める．⑥	［修正］/フィレット を（SEL） ［半径（R）］を（SEL） 1 ［Enter］ ［複数（M）］を（SEL） 角部の線分 を（SEL） 角部の他方の線分 を（SEL） 以下略
かくれ線は HIDDEN の，中心線は CENTER の画層を現在層にする．	ステータスバー の［カーソルの動きを直交に強制］を（SEL）し，直交モードを解除． かくれ線にする全オブジェクト を（SEL） ［画層］画層名表示欄 ▼ を（SEL） HIDDEN を（SEL） ［Esc］ 中心線にする全オブジェクト を（SEL） ［画層］画層名表示欄 ▼ を（SEL） CENTER を（SEL） ［Esc］
寸法を記入する．	省略

演習 5・16　クランクシャフト

内　　容	操　作　手　順
入力画面を準備する．	入力画面の設定方法 2 による．
右側面図の中心線を作成する．	ステータスバー の［カーソルの動きを直交に強制］を（SEL）し，直交モードにする． OBJECTS の画層を現在層にする．　　　　　‥‥（後で CENTER の画層を現在層にする） **[作成]/線分**　を（SEL） 　以下略
右側面図の中心線の交点 A に 9 個の円を作成する．	**[作成]/円/中心, 半径**　を（SEL） 　右側面図の中心線の交点 A　を O スナップ 　5　［Enter］ **[修正]/オフセット**　を（SEL） 　1　［Enter］ 　いま作成した円　を（SEL） 　円の外側の任意の点　を（SEL） 　［終了(E)］を（SEL）//（右）ショートカットメニュー の［繰り返し］を（SEL） 　3　［Enter］ 　いま作成した円　を（SEL） 　円の外側の任意の点　を（SEL） 　［終了(E)］を（SEL）//（右）ショートカットメニュー の［繰り返し］を（SEL） 　1　［Enter］ 　いま作成した円　を（SEL） 　円の外側の任意の点　を（SEL） 　［終了(E)］を（SEL）//（右）ショートカットメニュー の［繰り返し］を（SEL） 　1　［Enter］ 　いま作成した円　を（SEL） 　円の外側の任意の点　を（SEL） 　［終了(E)］を（SEL）//（右）ショートカットメニュー の［繰り返し］を（SEL） 　1　［Enter］ 　いま作成した円　を（SEL） 　円の外側の任意の点　を（SEL） 　［終了(E)］を（SEL）//（右）ショートカットメニュー の［繰り返し］を（SEL） 　1　［Enter］ 　いま作成した円　を（SEL） 　円の外側の任意の点　を（SEL） 　［終了(E)］を（SEL）//（右）ショートカットメニュー の［繰り返し］を（SEL） 　2　［Enter］ 　いま作成した円　を（SEL） 　円の外側の任意の点　を（SEL） 　［終了(E)］を（SEL）//（右）ショートカットメニュー の［繰り返し］を（SEL） 　27　［Enter］ 　いま作成した円　を（SEL） 　円の外側の任意の点　を（SEL） 　［終了(E)］を（SEL）
右側面図の中心線の交点 B に 3 個の円を作成する．①	**[作成]/円/中心, 半径**　を（SEL） 　右側面図の中心線の交点 B　を O スナップ 　18　［Enter］ **[修正]/オフセット**　を（SEL） 　3　［Enter］ 　いま作成した円　を（SEL） 　円の内側の任意の点　を（SEL） 　［終了(E)］を（SEL）//（右）ショートカットメニュー の［繰り返し］を（SEL） 　2　［Enter］ 　いま作成した円　を（SEL） 　円の内側の任意の点　を（SEL） 　［終了(E)］を（SEL）

演習 5・16 クランクシャフト

右側面図の垂直の中心線 CD を左右に 18 mm オフセットする．	［修正］/オフセット　を（SEL） 18　［Enter］ 線分 CD　を（SEL） 線分 CD の右側の任意の点　を（SEL） 線分 CD　を（SEL） 線分 CD の左側の任意の点　を（SEL） ［終了(E)］を（SEL）	
交点 A から－15 度と 195 度の線分を作成する．②	［作成］/線分　を（SEL） 交点 A　を O スナップ @42<－15　［Enter］ （右）ショートカットメニュー　の［Enter］を（SEL） （右）ショートカットメニュー　の［繰り返し］を（SEL） 交点 A　を O スナップ @42<195　［Enter］ （右）ショートカットメニュー　の［Enter］を（SEL）	
角部をフィレットで丸め，不要部分はトリムまたは削除で消去する．③	［修正］/フィレット　を（SEL） ［半径(R)］を（SEL） 8　［Enter］ ［複数(M)］を（SEL） 角部を形成する線分　を（SEL） 角部を形成する他方の線分（または円弧）　を（SEL） 以下略	
正面図作成の準備として垂直の線分 CD を左に 55 mm，さらに 1 mm，さらに 8 mm，さらに 1 mm，さらに 11 mm，さらに 1 mm，さらに 11 mm，さらに 8 mm，さらに 10 mm，さらに 4 mm，さらに 8 mm，さらに 8 mm オフセットする．	［修正］/オフセット　を（SEL） 55　［Enter］ 線分 CD　を（SEL） 線分 CD の左側の任意の点　を（SEL） ［終了(E)］を（SEL）//（右）ショートカットメニュー　の［繰り返し］を（SEL） 1　［Enter］ いまオフセットした線分　を（SEL） 線分の左側の任意の点　を（SEL） 以下略	
右側面図の主要ポイントを正面図に反映し，正面図の右側の部分（左右対称の部分）のみを作成する．④	［作成］/線分　を（SEL） 交点 E　を O スナップ 交点 E の左側の任意の点 F　を（SEL） 以下略	
不要部分はトリムまたは削除で消去し，フィレットで角部を丸める．⑤	省略	
正面図の垂直の中心線より右側の鏡像を作成する．⑥	［修正］/鏡像　を（SEL） 左右対称の全オブジェクト　を（SEL） 以下略	
正面図の左右対称の部分以外の外形線を作成する．	省略	
かくれ線は HIDDEN の，中心線は CENTER の画層を現在層にする．	ステータスバー　の［カーソルの動きを直交に強制］を（SEL）し，直交モードを解除． かくれ線にする全オブジェクト　を（SEL） ［画層］画層名表示欄▼　を（SEL） HIDDEN　を（SEL） 以下略	
寸法を記入する．	［寸法］/長さ寸法記入　を（SEL） 以下略	

演習 5・16 クランクシャフト

演習 5・17　平　歯　車

〔条件〕　モジュール＝5　　　　圧力角＝20°　　　　歯数＝16，歯幅＝30

上記の条件で平歯車の設計計算式によって求めた次の結果に基づいて図面を完成する．

　　　ピッチ円径　　　80 mm　　　　　歯先円直径　　　　90 mm
　　　歯末のたけ　　　 5 mm　　　　　歯底円直径　　　 67.5 mm
　　　歯元のたけ　　　6.25 mm　　　　（基礎円直径　　 75.1754 mm）
　　　全歯たけ　　　 11.25 mm

内　　容	操　作　手　順
入力画面を準備する．	入力画面の設定方法 2 による．
正面図，右側面図の水平と垂直の中心線を作成する．	ステータスバーの［カーソルの動きを直交に強制］を（SEL）し，直交モードにする． OBJECTS の画層を現在層にする． ［作成］/線分　を（SEL） 　以下略
中心線の交点 C に円を作成する．①	［作成］/円/中心, 半径　を（SEL） 　中心線の交点 C　を O スナップ 　45　[Enter] 　（右）ショートカットメニュー の［繰り返し］を（SEL） 　いま作成した φ90 の円の中心　を O スナップ 　40　[Enter] 　（右）ショートカットメニュー の［繰り返し］を（SEL） 　いま作成した φ80 の円の中心　を O スナップ 　15　[Enter] 　以下略
右側面図の垂直の中心線 AB より左側をトリムまたは削除で消去する．	［修正］/トリム　を（SEL） 　線分 AB　を（SEL） 　[Enter] 　4 個の円と水平の中心線の左側　を（SEL） 　（右）ショートカットメニュー の [Enter] を（SEL）
右側面図の主要ポイントを正面図に反映する．②	［作成］/線分　を（SEL） 　歯先円の上の四半円点 D　を O スナップ 　左側の任意の点 E　を（SEL） 　（右）ショートカットメニュー の [Enter] を（SEL） 　（右）ショートカットメニュー の［繰り返し］を（SEL） 　ピッチ円の上の四半円点 F　を O スナップ 　左側の任意の点 G　を（SEL） 　以下略
正面図のために，垂直の中心線 AB を左側に 45 mm，さらに 30 mm オフセットする．	［修正］/オフセット　を（SEL） 　45　[Enter] 　線分 AB　を（SEL） 　線分 AB の左側の任意の点　を（SEL） 　以下略
正面図の角部の面取りをする．	［修正］/面取り　を（SEL） 　［距離（D）］を（SEL） //2 [Enter] 　［複数（M）］を（SEL） 　1 本目の線分　を（SEL） 　2 本目の線分　を（SEL） 　以下略
中心線，ピッチ円を CENTER の画層を現在層にする．	中心線，ピッチ円　を（SEL） 　［画層］画層名表示欄 ▼ を（SEL） 　CENTER　を（SEL） 　以下略
寸法と要目表を記入する．	省略

CHAPTER 5　AutoCAD LT による機械製図

演習5・18　創　成　歯　形

　一般に，歯車の歯形はインボリュート曲線からなる．半径が無限大の歯車をラックといい，歯切りは素材（BLANK）の回転と同期させながらラック形の工具を往復させることによって創成される．この歯形の創成状態をCADでシミュレートしてみた．

　この創成歯形は，**演習5・17**の平歯車の歯形そのものである．すなわち，

　　　　　モジュール＝5　　　　　圧力角＝20°　　　　　歯数＝16

であり，

　　　　　ピッチ円径＝80　　　　　　全歯たけ＝11.25
　　　　　歯末のたけ＝5　　　　　　歯先円直径＝90
　　　　　歯元のたけ＝6.25　　　　歯底円直径＝67.5

である．

　次頁の上側の図は，ラックが往復して切削した後，引き続いて半ピッチ分ずつ素材とラックが回転または移動して切削した状態を示したもので，1ピッチを2回に分けて全周にわたり切削した歯形に相当する．この程度の粗さでも歯形が創成される様子がみてとれる．

　次頁の下側の図はモジュールが同じ5で，歯数が8枚の場合を示したものである．この場合は1ピッチを4回に分けて切削した状態に相当する．やはりやや粗いが，歯数が少ないとアンダーカット（干渉）の起こる様子がうかがえる．

内　　容	操　作　手　順
入力画面を準備する．	入力画面の設定方法2による．
ラックの歯形とその中心線などをTEXTの画層に作成する．	画層をTEXTに移動する． ［作成］／**線分**　を（SEL） 　以下略
ラック歯形を形成する全線分を1本のポリラインにする．	［修正］／**ポリライン編集**　を（SEL） 　任意の線分　を（SEL） 　（右） 　［結合(J)］　を（SEL） 　全線分を（SEL） 　（右）／／（右）ショートカットメニュー の［Enter］を（SEL）
歯数16枚の歯車のBLANKのために，画面中央よりやや上に水平と垂直の中心線を作成する．	ステータスバー の［カーソルの動きを直交に強制］を（SEL）し，直交モードにする． ［作成］／**線分**　を（SEL） 　以下略
歯先円，ピッチ円，歯底円を作成する．	［作成］／**円**／**中心, 半径**　を（SEL） 　中心線の交点　をOスナップ 　45　［Enter］／／（右）ショートカットメニュー の［繰り返し］を（SEL） 　中心線の交点　をOスナップ 　40　［Enter］ 　中心線の交点　をOスナップ 　33.75　［Enter］
ピッチ円の上の四半円点にポリラインのラックを複写する．①	［修正］／**複写**　を（SEL） 　ポリライン化したラック　を（SEL） 　（右） 　交点A　をOスナップ／／ピッチ円の上の四半円点　をOスナップ 　［終了(E)］を（SEL）

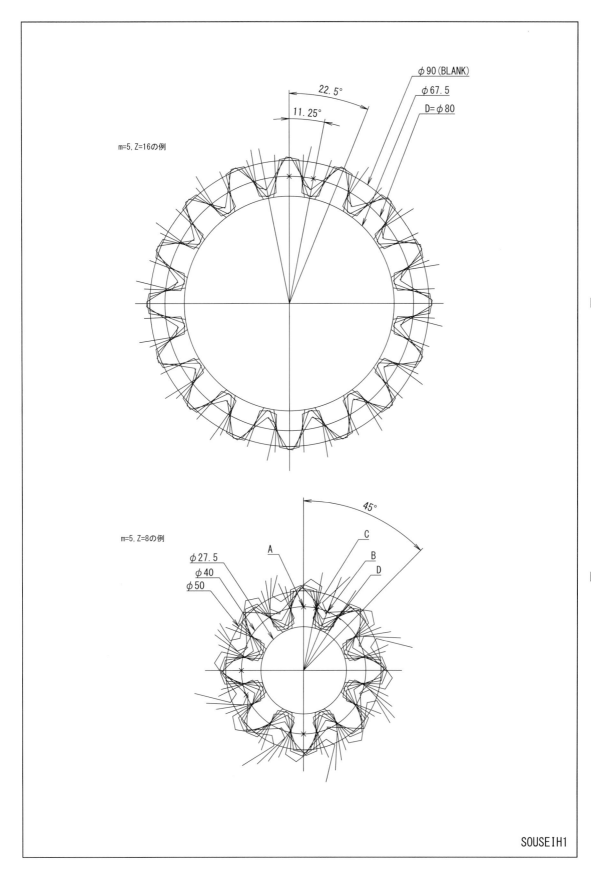

いま複写したラックをBLANKの中心に対し円形状に配列複写する．②	[修正]/円形状配列複写 を（SEL） （オブジェクトを選択：） いま複写したラック を（SEL） （オブジェクトを選択：）（右） （配列複写の中心を指定……：） φ90の円の中心 をOスナップ [項目] で （項目：） 16 と入力 （埋める：） 360 と入力 [閉じる]/[配列複写を閉じる] を（SEL）	
全体を11.25度回転する． （0.5ピッチ相当）	[修正]/回転 を（SEL） 3個の円，中心線，ラック を（SEL） （右） φ90の円の中心 をOスナップ 11.25 [Enter]	‥‥（11d15'でも可）
ピッチ円の上の四半円点に0.5ピッチ左に移動（11.25度回転に相当する）したポリラインのラックを複写する．③	[修正]/複写 を（SEL） ポリライン化したラック を（SEL） （右） 交点B をOスナップ//ピッチ円の上の四半円点 をOスナップ [終了(E)] を（SEL）	
いま複写したラックをBLANKの中心に対し円形状に配列複写する．④	[修正]/円形状配列複写 を（SEL） 以下略	
不足部分を補い完成する．	省略	
歯数8枚の歯車のBLANKのために，画面中央下部に水平と垂直の中心線を作成する．	[作成]/線分 を（SEL） 以下略	
歯先円，ピッチ円，歯底円を作成する．	[作成]/円/中心, 半径 を（SEL） 中心線の交点 をOスナップ 25 [Enter] （右）ショートカットメニュー の［繰り返し］を（SEL） 中心線の交点 をOスナップ 20 [Enter] （右）ショートカットメニュー の［繰り返し］を（SEL） 中心線の交点 をOスナップ 13.75 [Enter]	
ピッチ円の上の四半円点にポリラインのラックを複写する．	[修正]/複写 を（SEL） ポリライン化したラック を（SEL） （右） 交点A をOスナップ ピッチ円の上の四半円点 をOスナップ//［終了(E)］を（SEL）	
いま複写したラックをBLANKの中心に対し円形状に配列複写する．	[修正]/円形状配列複写 を（SEL） 以下略	
全体を11.25度回転する． （0.25ピッチ相当）	[修正]/回転 を（SEL） 3個の円，中心線，ラック を（SEL） （右） φ50の円の中心 をOスナップ 11.25 [Enter]	‥‥（11d15'でも可）
ピッチ円の上の四半円点に0.25ピッチ左に移動（11.25度回転に相当する）したポリラインのラックを複写する．	[修正]/複写 を（SEL） ポリライン化したラック を（SEL） （右） 交点C をOスナップ//ピッチ円の上の四半円点 をOスナップ 以下略	

5・2 二 面 図

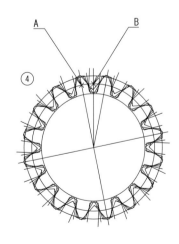

演習 5・18 創 成 歯 形

SOUSEIHO

演習 5・19　傘　歯　車

〔条件〕　モジュール＝ 5
　　　　　圧力角＝ 20°
　　　　　歯数＝ 24（大小共）
　　　　　歯幅＝ 30，軸角＝ 90°
　　　　　組立距離＝ 80（大小共）

上記の条件で傘歯車の設計計算式によって求めた次の結果に基づいて図面を作成する．

ピッチ円径	120 mm	歯末のたけ	5 mm
歯元のたけ	6.25 mm	ピッチ円すい角	45°

なお，下記の項目については CAD が自動的に計算してくれる．

円すい距離	84.85 mm	全長	43.50 mm
外端歯先円直径	127.07 mm	歯先円すい角	48° 22′
内端歯先円直径	82.14 mm	歯底円すい角	40° 47′

内　　容	操　作　手　順
入力画面の準備をする．	入力画面の設定方法 2 による．
正面図の水平の中心線とピッチ円すい部を作成する．	OBJECTS の画層を現在層にする． ［作成］/線分　を（SEL） 画面中央左の任意の点 A の近く　を（SEL） @90, 0［Enter］//（右）ショートカットメニュー の［Enter］を（SEL） 円すいの頂点として点 A　を O スナップ（近接点） @90＜－45［Enter］//（右）ショートカットメニュー の［Enter］を（SEL）
ピッチ円すい線 AC を下側に 5 mm，上側に 6.25 mm オフセットする．①	［修正］/オフセット　を（SEL） 5［Enter］ 線分 AC　を（SEL） 線分 AC の下側の任意の点　を（SEL） ［終了 (E)］を（SEL）//（右）ショートカットメニュー の［繰り返し］を（SEL） 6.25［Enter］ 線分 AC　を（SEL） 線分 AC の上側の任意の点　を（SEL） ［終了 (E)］を（SEL）
点 A を通る垂直の線分 AD を作成する．	［作成］/線分　を（SEL） 交点 A　を O スナップ @0, －50［Enter］//（右）ショートカットメニュー の［Enter］を（SEL）
線分 AD を右側に 80 mm 移動する．それを今度は，左側に 22 mm，8 mm，13.5 mm オフセットする．	［修正］/移動　を（SEL） 線分 AD　を（SEL） 80, 0［Enter］//［Enter］ ［修正］/オフセット　を（SEL） 22［Enter］ いま移動した線分　を（SEL） いま移動した線分の左側の任意の点　を（SEL） ［終了 (E)］を（SEL）//（右）ショートカットメニュー の［繰り返し］を（SEL） 8［Enter］ 以下略
線分 AB を下側に 10 mm，20 mm，60 mm オフセットする．②	［修正］/オフセット　を（SEL） 10［Enter］

5・2 二 面 図

スグバカサ歯車	
歯 形	標 準
モジュール	5
圧 力 角	20°
歯 数	24
歯 幅	30
軸 角	90°
ピッチ円径	120
全歯タケ	11.25
歯末ノタケ	5
歯元ノタケ	6.25
円スイ距離	84.85
ピッチ円スイ角	45°
歯底円スイ角	40° 47′
歯先円スイ角	48° 22′

演習 5・19 参 考 歯 車

	線分 AB　を（SEL） 線分 AB の下側の任意の点　を（SEL） ［終了(E)］を（SEL）//（右）ショートカットメニュー の［繰り返し］を（SEL） 20　［Enter］ 線分 AB　を（SEL） 線分 AB の下側の任意の点　を（SEL） 以下略
線分 AC を，交点 C を中心にして円形状に配列複写する．③	［修正］/円形状配列複写　を（SEL） （オブジェクトを選択：）　線分 AC　を（SEL） （オブジェクトを選択：）　（右） （配列複写の中心を指定……：）　交点 C　を O スナップ ［項目］で （項目：）　2　と入力 （埋める：）　90　と入力 ［オブジェクトプロパティ管理］ ［方向］を（SEL） ［閉じる］/［配列複写を閉じる］を（SEL）
配列複写した線分 HE を点 F まで延長する．	［修正］/延長　を（SEL） 点 F を通る線分　を（SEL） （右） 線分 HE の点 C 側の任意の点　を（SEL） （右）ショートカットメニュー の［Enter］を（SEL）
点 F に半径 18 mm の円を作成する．	［作成］/円/中心, 半径　を（SEL） 交点 F　を O スナップ 18　［Enter］
線分 CE のうち, HE 部分をトリムで消去する．④	［修正］/トリム　を（SEL） 半径 18 mm の円　を（SEL） （右） 線分 HE 上の任意の点　を（SEL） （右）ショートカットメニュー の［Enter］を（SEL）
線分 FH を 30 mm オフセットする．⑤	［修正］/オフセット　を（SEL） 30　（右） 線分 FH　を（SEL） 線分 FH の左上側の任意の点　を（SEL） ［終了(E)］を（SEL）
線分 AC を交点 H までオフセットする．⑥	［修正］/オフセット　を（SEL） ［通過点(T)］を（SEL） 線分 AC　を（SEL） 交点 H　を O スナップ ［終了(E)］を（SEL）
角部をフィレットで丸める．また不要部分をトリムまたは削除で消去する．⑦	省略
下半分の図形を，中心線に対称に鏡像を作成する．⑧	省略
右側面図を作成する．	省略
寸法を記入する．	省略
仮記入した一部の寸法の精度を 1/100 mm に修正する．	φ127.07 に変更する寸法　を（SEL） （右）ショートカットメニュー の［精度］を（SEL） 0.00　を（SEL）

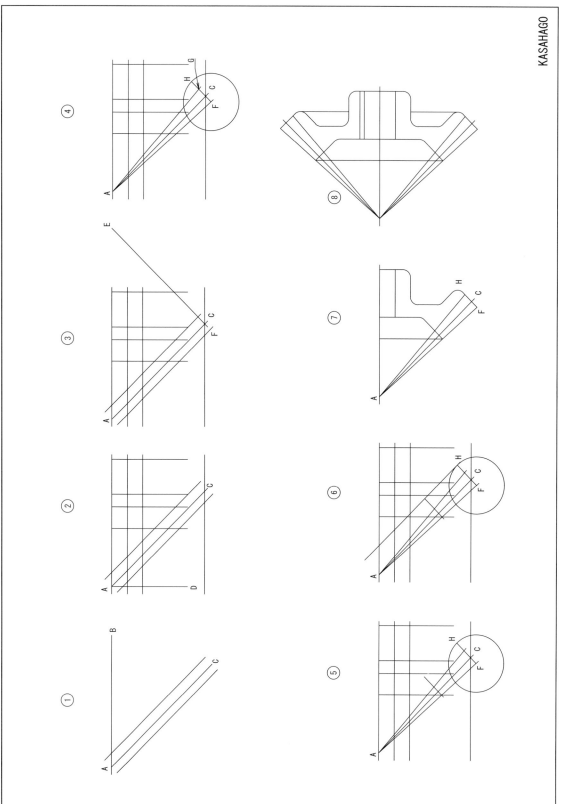

図 5・19 笠 鞘 反

5・3 三面図など

演習5・20 スペーサ	
内　　　容	操　作　手　順
入力画面を準備する.	入力画面の設定方法2による.
正三角形を作成する.	OBJECTSの画層を現在層にする. ステータスバーの［カーソルの動きを直交に強制］を（SEL）し，直交モードにする. **［作成］/ポリゴン** を（SEL） 　3 ［Enter］ 　［エッジ(E)］を（SEL） 　画面上部の任意の点A を（SEL） 　＠－60,0 ［Enter］
正三角形の頂点から対辺に垂線を作成する. ①	**［作成］/線分** を（SEL） 　交点A をOスナップ 　線分BC をOスナップ（垂線） 　（右）ショートカットメニュー の［Enter］を（SEL） 　（右）ショートカットメニュー の［繰り返し］を（SEL） 　交点B をOスナップ 　以下略
平面図の四角形の部分を作成する. ②	**［修正］/オフセット** を（SEL） 　20 ［Enter］ 　線分BD を（SEL） 　線分BDの左側の任意の点 を（SEL） 　線分BD を（SEL） 　線分BDの右側の任意の点 を（SEL） 　［終了(E)］を（SEL）
いま作成した平面図を100 mm右側に複写してから交点Eを基点として－90度回転させる. ③	**［修正］/複写** を（SEL） 　いま作成した全オブジェクト を（SEL） 　（右） 　100,0 ［Enter］ 　［終了(E)］を（SEL） **［修正］/回転** を（SEL） 　いま作成した全オブジェクト を（SEL） 　（右） 　交点E をOスナップ 　－90 ［Enter］
右側面図のために線分FGとHJを120 mm下側に複写する.	**［修正］/複写** を（SEL） 　線分FG を（SEL） 　線分HJ を（SEL） 　（右） 　0,－120 ［Enter］ 　［終了(E)］を（SEL）
平面図の主要ポイントを右側面図に反映する. ④	**［作成］/線分** を（SEL） 　交点H をOスナップ 　端点K をOスナップ 　（右）ショートカットメニュー の［Enter］を（SEL） 　（右）ショートカットメニュー の［繰り返し］を（SEL） 　交点E をOスナップ 　線分KL をOスナップ（垂線） 　（右）ショートカットメニュー の［Enter］を（SEL） 　（右）ショートカットメニュー の［繰り返し］を（SEL） 　交点J をOスナップ 　端点L をOスナップ 　（右）ショートカットメニュー の［Enter］を（SEL）

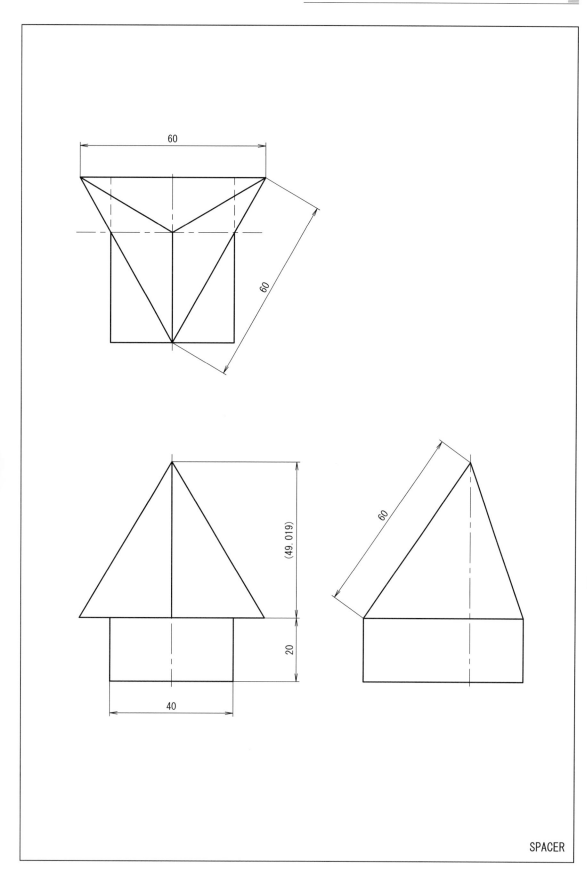

演習 5・20 スペーサ

端点 M を中心とする半径 60 mm の円を作成する.	[作成]/円/中心, 半径　を（SEL） 端点 M　を O スナップ 60　[Enter]
右側面図の線分 PM, PN を作成する. ⑤	[作成]/線分　を（SEL） 交点 P　を O スナップ 交点 M　を O スナップ （右）ショートカットメニュー の［Enter］を（SEL） （右）ショートカットメニュー の［繰り返し］を（SEL） 交点 P　を O スナップ 交点 N　を O スナップ （右）ショートカットメニュー の［Enter］を（SEL）
右側面図の交点 P を求めるために作成した円を消去する.	[修正]/削除　を（SEL） 半径 60 mm の円　を（SEL） （右）
平面図と右側面図の主要なポイントを正面図に反映する. ⑥	[作成]/線分　を（SEL） 交点 P　を O スナップ 画面左の任意の点 T　を（SEL） （右）ショートカットメニュー の［Enter］を（SEL） （右）ショートカットメニュー の［繰り返し］を（SEL） 交点 K　を O スナップ 画面左下の任意の点 R　を（SEL） （右）ショートカットメニュー の［Enter］を（SEL） （右）ショートカットメニュー の［繰り返し］を（SEL） 交点 B　を O スナップ 画面左下の任意の点 S　を（SEL） 以下略
正面図と平面図の不足の線分を作成する. ⑦	[作成]/線分　を（SEL） 交点 T　を O スナップ 交点 Q　を O スナップ （右）ショートカットメニュー の［Enter］を（SEL） （右）ショートカットメニュー の［繰り返し］を（SEL） 交点 T　を O スナップ 以下略
不要部分をトリムまたは削除によって消去する.	[修正]/トリム　を（SEL） 以下略
線分 UV を 2 オブジェクトに分割する.	[修正]/部分削除　を（SEL） 線分 UV　を（SEL） ［1 点目(F)］を（SEL） 交点 W　を O スナップ @　[Enter] 他方の線分も同様に分割する.
かくれ線は HIDDEN の, 中心線は CENTER の画層を現在層にする.	かくれ線にする全線分　を（SEL） ［画層］画層名表示欄▼　を（SEL） HIDDEN　を（SEL） [Esc] 中心線にする全線分　を（SEL） ［画層］画層名表示欄▼　を（SEL） CENTER　を（SEL） [Esc]
寸法を記入する.	省略

5・3 三面図など

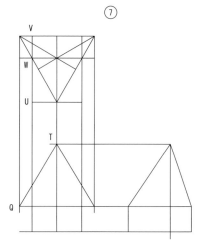

演習 5・20 スペーサ

SPACER_0

演習 5・21　コーナ部材

内　　容	操　作　手　順
入力画面を準備する.	入力画面の設定方法 2 による.
正面図の線分 AB を作成する.	OBJECTS の画層を現在層にする. **[作成]/線分**　を（SEL） 　画面左下の任意の点 A　を（SEL） 　@50, 0　[Enter] 　（右）ショートカットメニュー の [Enter] を（SEL）
線分 AB を 18.2 mm, 40 mm, 50 mm 上側にオフセットする.	**[修正]/オフセット**　を（SEL） 　18.2　[Enter] 　線分 AB　を（SEL） 　以下略
正面図の線分 AC を作成する.	**[作成]/線分**　を（SEL） 　端点 A　を O スナップ 　@0, 50　[Enter] 　（右）ショートカットメニュー の [Enter] を（SEL）
線分 AC を 10 mm, 40 mm 右側にオフセットする.	**[修正]/オフセット**　を（SEL） 　10　[Enter] 　線分 AC　を（SEL） 　以下略
線分 BD を作成する.	省略
線分 EF を作成する. ①	**[作成]/線分**　を（SEL） 　交点 E　を O スナップ 　線分 AC　を O スナップ（垂線） 　（右）ショートカットメニュー の [Enter] を（SEL）
不要部分をトリムまたは削除によって消去する. ②	**[修正]/トリム**　を（SEL） 　以下略
線分 DB を 5 mm オフセットして線分 GH を作成する.	**[修正]/オフセット**　を（SEL） 　以下略
線分 JK を作成する.	省略
線分 JK を 15 mm オフセットして線分 LM を作成する. ③	**[修正]/オフセット**　を（SEL） 　以下略
角部 M と K をフィレットで丸める.	**[修正]/フィレット**　を（SEL） 　[半径(R)]　を（SEL）//3　[Enter] 　[複数(M)]　を（SEL） 　以下略
不足部分を補い，不要部分をトリムまたは削除によって消去する. ④	省略
正面図の鏡像を右側に作成する.	**[修正]/鏡像**　を（SEL） 　以下略
平面図を作成する.	省略
かくれ線は HIDDEN の，中心線は CENTER の画層を現在層にする.	かくれ線にする全線分　を（SEL） 　[画層] 画層表示欄▼　を（SEL） 　HIDDEN　を（SEL） 　[Esc] 　中心線にする全線分　を（SEL） 　[画層] 画層表示欄▼　を（SEL） 　HIDDEN　を（SEL） 　[Esc] 　以下略
寸法を記入する.	省略

5・3 三面図など

①
②
③
④

完成図

演習 5・21 コーナー材端部

CORNER

CHAPTER 5　AutoCAD LT による機械製図

演習 5・22　軸　　　　　受	
内　　　容	操　作　手　順
入力画面を準備する.	入力画面の設定方法 2 による.
正面図を作成する.	OBJECTS の画層を現在層にする. ステータスバー の［カーソルの動きを直交に強制］を（SEL）し，直交モードにする. **[作成]/線分** を（SEL） 　以下略
右側面図を作成する. ①	**[作成]/線分** を（SEL） 　以下略
右側面図を約 70 mm 上側に複写する.	**[修正]/複写** を（SEL） 　右側面図の全線分　を（SEL） 　（右） 　0，70　［Enter］ 　［Enter］
いま複写した図形を交点 A を基点に 90 度回転する. ②	**[修正]/回転** を（SEL） 　いま複写した全線分　を（SEL） 　（右） 　交点 A　を O スナップ 　90　［Enter］
正面図と右側面図の主要ポイントを平面図に反映する.	**[作成]/線分** を（SEL） 　交点 B　を O スナップ 　上側の任意の点 C　を（SEL） 　（右） 　ショートカットメニュー の［Enter］を（SEL） 　（右） 　ショートカットメニュー の［繰り返し］を（SEL） 　以下略
楕円部分を作成する. ③	**[作成]/楕円/軸, 端点** を（SEL） 　交点 D　を O スナップ 　交点 E　を O スナップ 　交点 F　を O スナップ　　　　　　　　　　　　　　　　　　　　　　…楕円（大） 　（右） 　ショートカットメニュー の［繰り返し］を（SEL） 　交点 G　を O スナップ 　交点 H　を O スナップ 　交点 I　を O スナップ　　　　　　　　　　　　　　　　　　　　　　…楕円（中） 　（右） 　ショートカットメニュー の［繰り返し］を（SEL） 　C　［Enter］ 　交点 J　を O スナップ 　交点 K　を O スナップ 　交点 L　を O スナップ　　　　　　　　　　　　　　　　　　　　　　…楕円（小）
不要部分をトリムまたは削除で消去する.	**[修正]/トリム** を（SEL） 　以下略
楕円（大）と接する線分 MN を作成する.	**[作成]/線分** を（SEL） 　楕円（大）の上の点 M　を O スナップ（接線） 　交点 N　を O スナップ 　（右） 　ショートカットメニュー の［Enter］を（SEL）

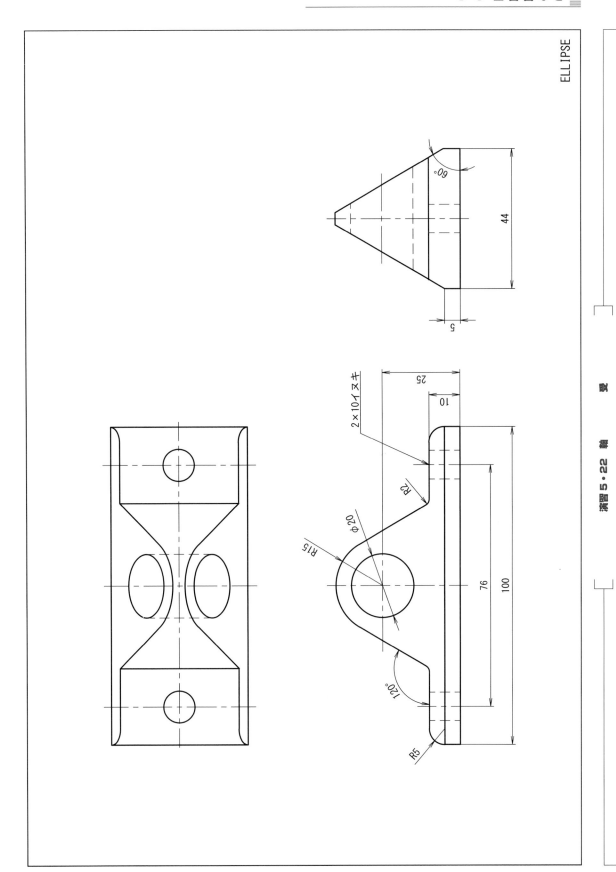

演習 5・22 軸 受

楕円（小）と線分 MN の鏡像を線分 PQ に対称に作成する．④	[修正]/鏡像　を（SEL） 楕円（小）を構成する全オブジェクトと線分 MN　を（SEL） （右） 端点 P　をＯスナップ 端点 Q　をＯスナップ ［いいえ(N)］を（SEL）
2 個の楕円（小），楕円（中），楕円（大）と線分 MN などの鏡像を線分 RS に対称に作成する．	[修正]/鏡像　を（SEL） 4 個の楕円を構成する全オブジェクトと線分 MN など　を（SEL） （右） 端点 R　をＯスナップ 端点 S　をＯスナップ ［いいえ(N)］を（SEL）
不要部分をトリムまたは削除によって消去する．	[修正]/トリム　を（SEL） 以下略
かくれ線は HIDDEN の，中心線は CENTER の画層を現在層にする．	かくれ線にする全線分　を（SEL） ［画層］画層名表示欄▼　を（SEL） HIDDEN　を（SEL） [Esc] 中心線にする全線分　を（SEL） ［画層］画層名表示欄▼　を（SEL） CENTER　を（SEL） [Esc]
寸法を記入する．	省略

> **TIPS　楕円の中心，円半円点**
>
> ■ 楕円オブジェクトは円オブジェクトと同様，オブジェクトスナップ中心を使用して楕円の中心点を正確に指定できる．また，オブジェクトスナップ四半円点を使用して，中心点を通る水平線，垂直線と楕円との四つの交点を正確に指定することができる．

> **TIPS　名前削除**
>
> ■ 図面で使用されていない要素をそのままにしておくと，図面の容量が増えて操作が遅くなる．図面の容量の節約のためにも，図面作成の区切りのよいときに，今後もまったく使用しないであろうブロックや画層，線種，文字スタイル，寸法スタイルなどを図面から削除するとよい．このようにすると，容量が節約されるだけでなく，図面の表示や操作スピードも速くなる．
> 使用されていないブロックを名前削除する例を以下に示す．
>
> 　　　　　アプリケーションメニュー の［図面ユーティリティ］/名前削除　を（SEL）
> 　　　　　（図面内で使用されていない項目：）［＋］ブロック　を（SEL）　　　　　　　　　　……（［－］になる）
> 　　　　　削除したいブロック名　を（SEL）
> 　　　　　［名前削除］を（SEL）
> 　　　　　（ブロック（ブロック名）を名前削除しますか？）［この項目を名前削除］を（SEL）
> 　　　　　［閉じる］を（SEL）

5・3 三面図など

ELLIPSEO

①

②

③

④

演習 5・22　軸　受

253

演習5・23　ボルト・ナット

内　　　容	操　作　手　順
入力画面を準備する.	入力画面の設定方法2による.
演習5・3で作成したボルト略図をブロック挿入する.	「0」の画層を現在層にする. **[挿入]** タブ **[ブロック]**／**挿入**　を（SEL） 　［その他のオプション］を（SEL）　　　　…（ブロック挿入画面が表示される） 　［参照］を（SEL） 　　（ファイルの場所：）　保存してあるフォルダ　を（SEL） 　　（ファイル名：）　B_NRYAKU　を（SEL） 　［開く］ 　挿入位置欄 　　□画面上で指定　を（SEL）　　　　　　　　　　　　　　…（✔をつける） 　尺度欄，回転欄はそのまま 　［OK］ 　（挿入位置を指定……：）　任意の点　を（SEL）
ブロックであるボルト略図を別べつのオブジェクトに分解して編集できるようにする.	**[修正]**／**分解**　を（SEL） ブロック挿入したボルト略図の任意の点　を（SEL）／／（右）
不要な枠線などを削除によって消去する（ただし寸法は当面消去しない）.①	**[修正]**／**削除**　を（SEL） ボルトの略図と寸法以外の不要な全オブジェクト　を（SEL）／／（右）
ボルトの頭部が上側になるよう回転する.②	**[修正]**／**回転**　を（SEL） ボルト全体　を（SEL）／／（右） 頭部の任意の点　を（SEL） －90　[Enter]
75 mm×35 mmのボルトを72 mm×32 mmのボルトに修正する.③	**[修正]**／**ストレッチ**　を（SEL） 右下の任意の点A　を（SEL） 左上の任意の点B　を（SEL）／／（右） 0，3　[Enter]／／[Enter]
ボルト頭部の下面の線分CDを下側に22 mm, 26 mm, 47 mm, 100 mmオフセットする.④	**[修正]**／**オフセット**　を（SEL） 22　[Enter] 線分CD　を（SEL） 線分CDの下側の任意の点　を（SEL） 以下略
中心線を下面図の中心まで延長する.⑤	**[修正]**／**延長**　を（SEL） 以下略
中心線を左右に10 mm, 20 mm, 35 mmオフセットする.⑥	**[修正]**／**オフセット**　を（SEL） 以下略
下面図の正六角形の部分を作成する.⑦	OBJECTSの画層を現在層にする. **[作成]**／**線分**　を（SEL） 端点E　をOスナップ @20<60　[Enter] （右）ショートカットメニュー　の［Enter］を（SEL） （右）ショートカットメニュー　の［繰り返し］を（SEL） 端点E　をOスナップ @20<－60　[Enter] （右）ショートカットメニュー　の［Enter］を（SEL） （右）ショートカットメニュー　の［繰り返し］を（SEL） 端点F　をOスナップ @20<120　[Enter] （右）ショートカットメニュー　の［Enter］を（SEL） （右）ショートカットメニュー　の［繰り返し］を（SEL） 端点F　をOスナップ @20<－120　[Enter] （右）ショートカットメニュー　の［Enter］を（SEL）

(注) ボルトノ頭ノ高サハ0.75d，ナットノ高サハd，右側面図ノ頭部ノ R ハ d デ作図

演習 5・23 ボルト・ナット

	（右）ショートカットメニュー の［繰り返し］を（SEL） 端点G をOスナップ 端点H をOスナップ （右）ショートカットメニュー の［Enter］を（SEL） （右）ショートカットメニュー の［繰り返し］を（SEL） 端点I をOスナップ 端点J をOスナップ （右）ショートカットメニュー の［Enter］を（SEL）
ナットの面取り部を作成する（ボルトの頭部の面取り部の鏡像を作成する）．⑧	［修正］／鏡像 を（SEL） ボルト頭部の面取り部の3円弧 を（SEL） （右） 端点K をOスナップ 端点L をOスナップ ［Enter］
右側面図のために正面図と下面図の全オブジェクトを約115 mm右側に複写し，右側面図に関係のないオブジェクトは消去しておく．	［修正］／複写 を（SEL） 正面図と下面図の全オブジェクト を（SEL）／／（右） 115，0 ［Enter］ ［Enter］ 以下略
右側面図の下側の正六角形を交点Mを基点に90度回転させる．	［修正］／回転 を（SEL） 正六角形を形成する6線分 を（SEL）／／（右） 正六角形の中心である交点M をOスナップ 90 ［Enter］
右側面図の中心線を左右にオフセットする．	［修正］／オフセット を（SEL） ［通過点(T)］を（SEL） 右側面図の中心線 を（SEL） 通過点である交点P をOスナップ 右側面図の中心線 を（SEL） 通過点である交点Q をOスナップ ［終了(E)］を（SEL）
右側面図のボルト頭部とナットの面取りのために交点Rに半径20 mmの円を作成する．⑨	［作成］／円／中心，半径 を（SEL） 交点R をOスナップ　　　　　　…‥（あらかじめ中点Rを作成しておく） 20 ［Enter］
不要部分をトリムし，面取り部の円弧を作成する．	［修正］／トリム を（SEL） 右側面図の中心線 を（SEL） 以下略
鏡像で残り3円弧を作成する．	［修正］／鏡像 を（SEL） 円弧 を（SEL） 以下略
端点Sと線分上の任意の点Tの間に破断線をスプラインで作成する．⑩	［作成］／スプラインフィット を（SEL） 端点S をOスナップ ST間の任意の点を2〜3か所 を（SEL） 線分上の任意の点T をOスナップ（近接点） （右）ショートカットメニュー の［Enter］を（SEL）
残りの破断線は複写で作成する．	［修正］／複写 を（SEL） 以下略
不足部分を補い，不要部分はトリムや削除で消去する．	省略
中心線はCENTERの，破断線はTEXTの画層を現在層にする．	中心線にする全線分 を（SEL） ［画層］画層名表示欄▼ を（SEL） 以下略
寸法を記入する．	省略

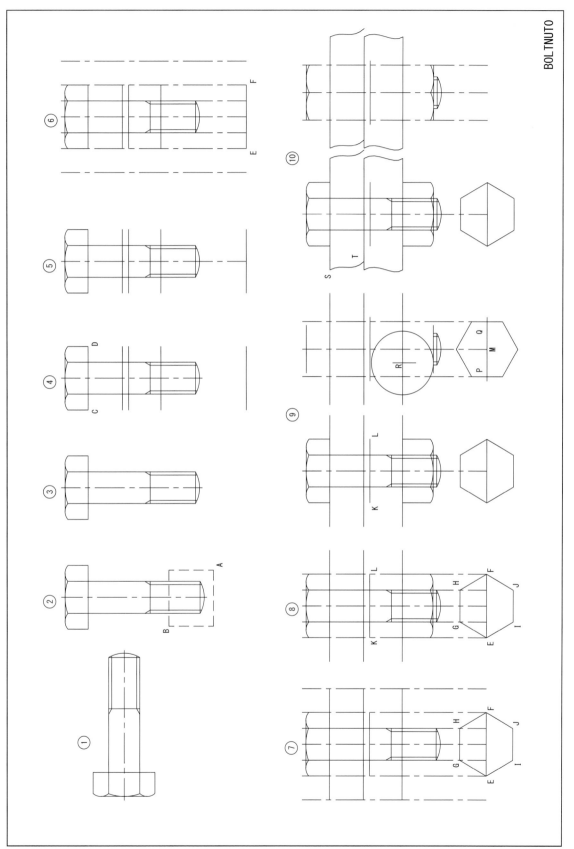

演習 5・23 ボルト・ナット

演習 5・24　補 助 投 影 図

内　　容	操　作　手　順
入力画面を準備する.	入力画面の設定方法2による.
線分 ABCD を作成する.	OBJECTS の画層を現在層にする. **[作成]/線分**　を（SEL） 　画面中央左の点 A の近く　を（SEL） 　@120, 0　[Enter] 　@95<150　[Enter] 　（右）ショートカットメニュー の [Enter] を（SEL） 　（右）ショートカットメニュー の [繰り返し] を（SEL） 　端点 A　を O スナップ 　@0, －90　[Enter] 　（右）ショートカットメニュー の [Enter] を（SEL） **[修正]/延長**　を（SEL） 　線分 BC　を（SEL） 　（右） 　線分 AD の端点 A 近く　を（SEL）
線分 BC の飛び出し部分をトリムで消去する. ①	**[修正]/トリム**　を（SEL） 　以下略
線分 CD を右側に 12 mm, 18 mm, 24 mm, 34 mm, 40 mm, 46 mm, 70 mm オフセットする.	**[修正]/オフセット**　を（SEL） 　12　[Enter] 　線分 CD　を（SEL） 　線分 CD の右側の任意の点　を（SEL） 　[終了(E)]　を（SEL） 　（右）ショートカットメニュー の [繰り返し] を（SEL） 　18　[Enter] 　線分 CD　を（SEL） 　線分 CD の右側の任意の点　を（SEL） 　以下略
交点 E より線分 BC に垂線を作成する. ②	**[作成]/線分**　を（SEL） 　交点 E　を O スナップ 　線分 BC　を O スナップ（垂線） 　（右）ショートカットメニュー の [Enter] を（SEL）
線分 AB を上側に 10 mm, 下側に 40 mm, 59 mm, 78 mm オフセットする.	**[修正]/オフセット**　を（SEL） 　10　[Enter] 　線分 AB　を（SEL） 　線分 AB の上側の任意の点　を（SEL） 　[終了(E)]　を（SEL） 　（右）ショートカットメニュー の [繰り返し] を（SEL） 　40　[Enter] 　線分 AB　を（SEL） 　線分 AB の下側の任意の点　を（SEL） 　以下略
線分 BC を下側に 10 mm, 上側に 30 mm, 39 mm, 59 mm, 68 mm オフセットする.	**[修正]/オフセット**　を（SEL） 　10　[Enter] 　線分 BC　を（SEL） 　線分 BC の下側の任意の点　を（SEL） 　[終了(E)]　を（SEL）

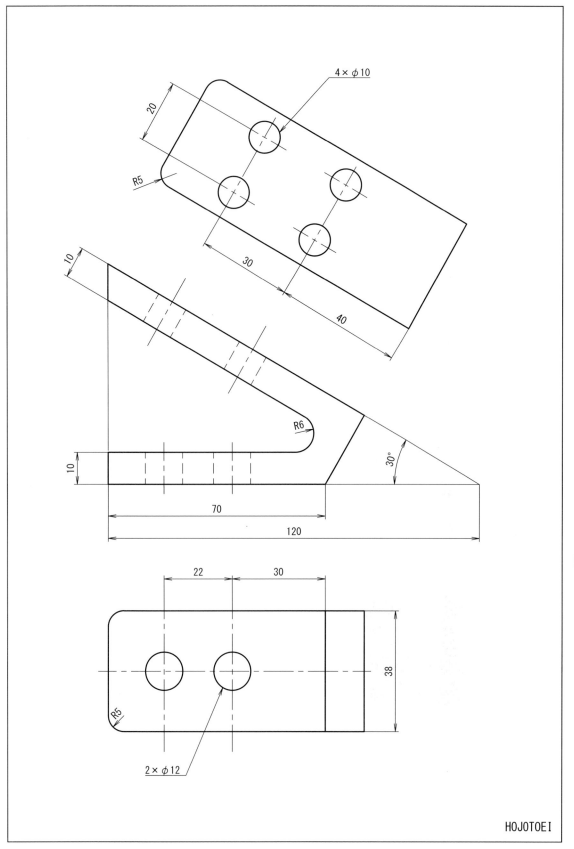

	（右）ショートカットメニュー の［繰り返し］を（SEL） 30 ［Enter］ 線分BC を（SEL） 線分BCの上側の任意の点 を（SEL） 以下略
線分EFを交点Iまで延長する．③	［修正］/延長 を（SEL） 線分GH を（SEL） （右） 線分EFの点F近くの任意の点 を（SEL） （右）ショートカットメニュー の［Enter］を（SEL）
線分EIを左側に35 mm, 40 mm, 45 mm, 65 mm, 70 mm, 75 mmと端点Cまでオフセットする．④	［修正］/オフセット を（SEL） ［通過点（T）］を（SEL） 線分EI を（SEL） 交点C をOスナップ ［終了(E)］を（SEL） （右）ショートカットメニュー の［繰り返し］を（SEL） 35 ［Enter］ 線分EI を（SEL） 線分EIの左側の任意の点 を（SEL） ［終了(E)］を（SEL） （右）ショートカットメニュー の［繰り返し］を（SEL） 40 ［Enter］ 線分EI を（SEL） 以下略
不要部分をトリムまたは削除によって消去する．⑤	［修正］/トリム を（SEL） 以下略
交点Jより線分KLに垂線を作成する．	［作成］/線分 を（SEL） 交点J をOスナップ 線分KL をOスナップ（垂線） （右）ショートカットメニュー の［Enter］を（SEL）
フィレットで角部を丸める．	［修正］/フィレット を（SEL） ［半径(R)］を（SEL） 6 ［Enter］ 角部を形成する線分 を（SEL） 角部を形成する他方の線分 を（SEL）
4個の直径10 mmの円と2個の直径12 mmの円を作成する．⑥	［作成］/円/中心,半径 を（SEL） 以下略
不要部分をトリムまたは削除によって消去する．	［修正］/トリム を（SEL） 以下略
かくれ線はHIDDENの，中心線はCENTERの画層を現在層にする．	かくれ線にする全線分 を（SEL） ［画層］画層名表示欄▼ を（SEL） HIDDEN を（SEL） ［Esc］ 中心線にする全線分 を（SEL） ［画層］画層名表示欄▼ を（SEL） CENTER を（SEL） ［Esc］
寸法を記入する．	省略

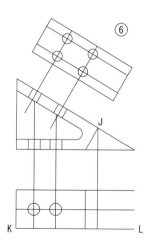

演習 5・24 補助投影図

演習 5・25　回転投影図

内　容	操　作　手　順
入力画面を準備する.	入力画面の設定方法 2 による.
水平と垂直の中心線を作成する.	OBJECTS の画層を現在層にする.　　……（後で CENTER の画層を現在層にする） **[作成]/線分**　を（SEL） 　画面中央左の任意の点 A　を（SEL） 　@120, 0　[Enter] 　[Enter] 　（右）ショートカットメニュー の［繰り返し］を（SEL） 　画面中央の任意の点 C　を（SEL） 　@0, −140　[Enter] 　[Enter]
中心線の交点 E に 3 個の円を作成する. ①	**[作成]/円/中心, 半径**　を（SEL） 　中心線の交点 E　を O スナップ 　10　[Enter] 　（右）ショートカットメニュー の［繰り返し］を（SEL） 　中心線の交点 E　を O スナップ 　15　[Enter] 　（右）ショートカットメニュー の［繰り返し］を（SEL） 　中心線の交点 E　を O スナップ 　25　[Enter]
線分 AB を上側に 10 mm, 25 mm, 下側に 10 mm, 25 mm, 80 mm, 86 mm, 90 mm, 96 mm, 100 mm オフセットする.	**[修正]/オフセット**　を（SEL） 　10　[Enter] 　線分 AB　を（SEL） 　線分 AB の上側の任意の点　を（SEL） 　[終了(E)]　を（SEL） 　（右）ショートカットメニュー の［繰り返し］を（SEL） 　25　[Enter] 　線分 AB　を（SEL） 　線分 AB の上側の任意の点　を（SEL） 　以下略
線分 CD を左側に 40 mm, 右側に 60 mm, 70 mm オフセットする. ②	**[修正]/オフセット**　を（SEL） 　40　[Enter] 　線分 CD　を（SEL） 　線分 CD の左側の任意の点　を（SEL） 　[終了(E)]　を（SEL） 　（右）ショートカットメニュー の［繰り返し］を（SEL） 　60　[Enter] 　線分 CD　を（SEL） 　線分 CD の右側の任意の点　を（SEL） 　以下略
平面図の不要部分をトリムまたは削除で消去する.	**[修正]/トリム**　を（SEL） 　以下略 **[修正]/削除**　を（SEL） 　以下略

平面図の角部をフィレットで丸める．③	［修正］/フィレット　を（SEL） ［半径（R）］を（SEL） 5［Enter］ 以下略	
交点Fに直径8mmの円を作成する．	［作成］/円/中心,半径　を（SEL） 交点F　をOスナップ 4［Enter］	
平面図の主要ポイントを正面図に反映する．④	［作成］/線分　を（SEL） 交点G　をOスナップ 線分HI　をOスナップ（垂線） （右）ショートカットメニュー の［Enter］を（SEL） （右）ショートカットメニュー の［繰り返し］を（SEL） 以下略	
正面図の不要部分をトリムまたは削除によって消去する．⑤	［修正］/トリム　を（SEL） 以下略	
水平の中心線ABを円形状配列複写により50度回転する．	［修正］/円形状配列複写　を（SEL） （オブジェクトを選択：）線分AB　を（SEL） （オブジェクトを選択：）（右） （配列複写の中心を指定……：）交点E　をOスナップ ［項目］で （項目：）2　と入力 （間隔：）50　と入力 ［閉じる］/［配列複写を閉じる］　を（SEL）	
交点Eの右側のオブジェクトを50度回転する．⑥	［修正］/回転　を（SEL） 回転する全オブジェクト　を（SEL） （右） 交点E　をOスナップ 50［Enter］	
かくれ線はHIDDENの，中心線はCENTERの画層を現在層にする．	かくれ線にする全線分　を（SEL） ［画層］画層名表示欄▼　を（SEL） HIDDEN　を（SEL） ［Esc］ 中心線にする全線分　を（SEL） ［画層］画層名表示欄▼　を（SEL） CENTER　を（SEL） ［Esc］	
寸法を記入する．	省略	

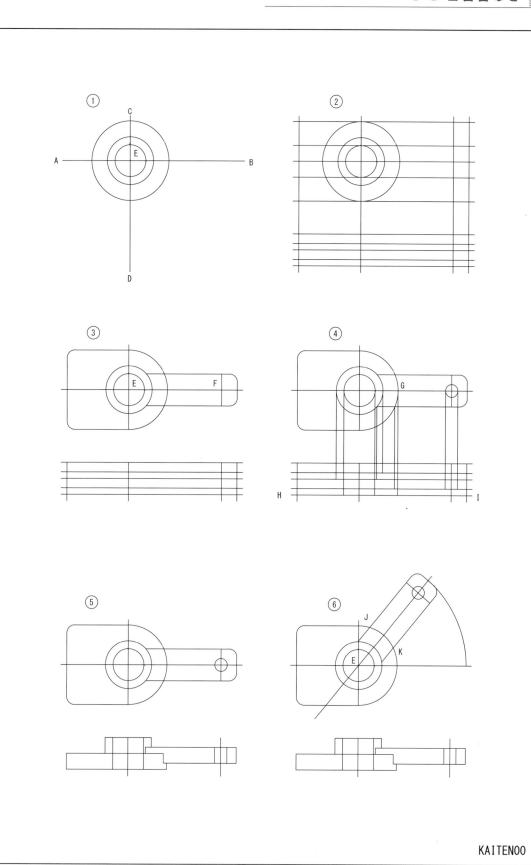

演習 5・26　部 分 投 影 図

主投影図に図の一部を示す図面を加えれば充分な場合には，その必要な部分だけを部分投影図として表す．

内　　　容	操　作　手　順
入力画面を準備する．	入力画面の設定方法2による．
水平と垂直の中心線を作成する．	OBJECTSの画層を現在層にする．　　　　　…‥（後でCENTERの画層を現在層にする） ステータスバー の［カーソルの動きを直交に強制］を（SEL）し，直交モードにする． **[作成]/線分** を（SEL） 　画面中央左の点Bの近く　を（SEL） 　@170, 0　[Enter] 　以下略
各交点に各2個の円を作成する．	**[作成]/円/中心, 直径** を（SEL） 　中心線の交点A　をOスナップ 　15　[Enter] **[作成]/円/中心, 直径** を（SEL） 　中心線の交点A　をOスナップ 　25　[Enter] **[作成]/円/中心, 直径** を（SEL） 　以下略
外側の円と円の接線を作成する．①	**[作成]/線分** を（SEL） 　左側のφ20の円の任意の点　をOスナップ（接線） 　中央のφ25の円の任意の点　をOスナップ（接線） 　（右）ショートカットメニュー の［Enter］を（SEL） 　（右）ショートカットメニュー の［繰り返し］を（SEL） 　以下略
交点Aの右側の水平の中心線を除く全オブジェクトを交点Aを基点に55度回転する．②	**[修正]/回転** を（SEL） 　交点Aの右側の中心線を除く全オブジェクト　を（SEL） 　（右） 　交点A　をOスナップ 　55　[Enter]
水平の中心線を円形状配列複写によって55度回転する．	**[修正]/円形状配列複写** を（SEL） 　（オブジェクトを選択：）　水平の中心線　を（SEL） 　（オブジェクトを選択：）　（右） 　（配列複写の中心を指定……：）　交点A　をOスナップ 　［項目］で 　（項目：）　2　と入力 　（間隔：）　55　と入力 　［閉じる］/［配列複写を閉じる］を（SEL）
いま作成した中心線の長さを調整する．	省略
水平の中心線を下側にオフセットする．	**[修正]/オフセット** を（SEL） 　50　[Enter] 　線分AB　を（SEL） 　線分ABの下側の任意の点　を（SEL） 　［終了(E)］を（SEL）

	（右）ショートカットメニュー の［繰り返し］を（SEL） 4［Enter］ いまオフセットした線分 を（SEL） 以下略
斜めの中心線を左上側にオフセットする.	［修正］/オフセット を（SEL） 45［Enter］ 線分 AC を（SEL） 線分 AC の左上側の任意の点 を（SEL） ［終了(E)］を（SEL） （右）ショートカットメニュー の［繰り返し］を（SEL） 4［Enter］ いまオフセットした線分 を（SEL） 以下略
主投影図の主要ポイントを下の部分投影図に反映させる.	［作成］/線分 を（SEL） 交点または四半円点 B をOスナップ 点 D を通る線分 をOスナップ（垂線） （右）ショートカットメニュー の［Enter］を（SEL） （右）ショートカットメニュー の［繰り返し］を（SEL） 以下略
主投影図の主要ポイントを左上の部分投影図に反映させる. ③	［作成］/線分 を（SEL） 交点 C をOスナップ 点 E を通る線分 をOスナップ（垂線） （右）ショートカットメニュー の［Enter］を（SEL） （右）ショートカットメニュー の［繰り返し］を（SEL） 以下略
不要部分をトリムまたは削除によって消去する. ④	［修正］/トリム を（SEL） 以下略
3か所の角部を丸めるために接円を作成する.	［作成］/円/接点, 接点, 半径 を（SEL） 主投影図の角部を形成する線分 を（SEL） 角部を形成する他方の線分 を（SEL） 5［Enter］ 以下略
破断線の作成する位置に線分を作成する. ⑤	［作成］/線分 を（SEL） 以下略
破断線を作成する. ⑥	［作成］/スプラインフィット を（SEL） 交点 F をOスナップ 以下略
不要部分をトリムまたは削除によって消去する.	［修正］/トリム を（SEL） 以下略
かくれ線は HIDDEN の, 中心線は CENTER の, 破断線は TEXT の画層を現在層にする.	かくれ線にする全線分 を（SEL） ［画層］画層名表示欄 ▼ を（SEL） HIDDEN を（SEL） ［Esc］ 中心線にする全線分 を（SEL） ［画層］画層名表示欄 ▼ を（SEL） CENTER を（SEL） ［Esc］
寸法を記入する.	省略

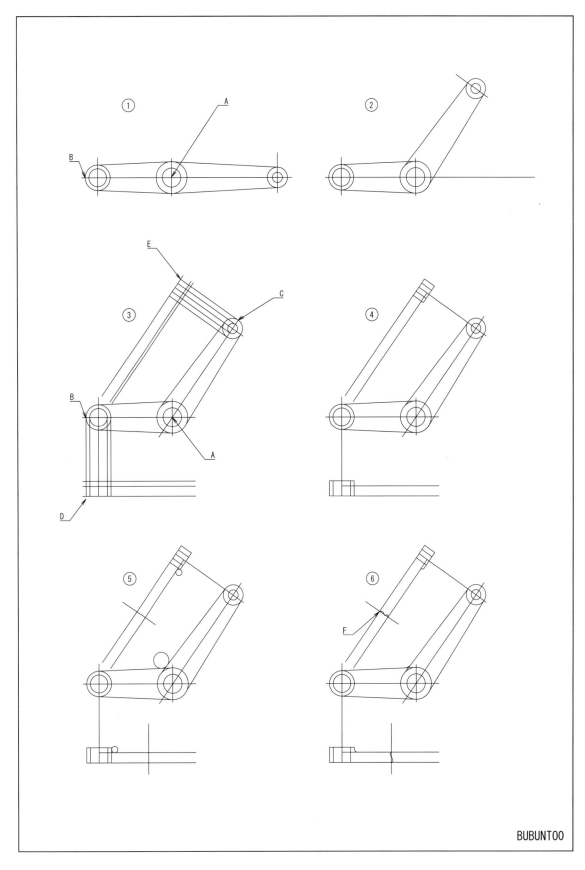

演習 5・27　組立図（マルチデザイン環境の利用）

　組立図を作成する手法はいくつか考えられる．ここでは，あらかじめひとつひとつの部品図が完成しており，それらの複数の図面を同時に画面に表示し，必要な部分を図面間でコピーして完成する例を示す．

　演習 5・14 で作成したフランジ継手（左側）の部品図を別のファイル名「merge1」でいったん保存しておき，さらにそれを修正して相手方（右側）を作成し，「merge2」のファイル名で保存する．また，**演習 5・23** で作成したボルト・ナットを修正し，「merge3」のファイル名で保存する．

　「merge1」，「merge2」と「merge3」の3つの図面を同時に画面に表示し，「merge1」に「merge2」をコピーし，さらに「merge3」をコピーした後，不要部分を消去し，最終的に次の頁の組立図を完成する．

内　容	操　作　手　順
演習 5・14 で作成したフランジ継手を入力画面に呼び出す．	**［ファイル］/開く** を（SEL） 　（ドライブ：）　J：　を（SEL）　　　　　　…（ファイルのある場所） 　（ファイル名：）　frang.dwg　を（SEL） 　　　　　　　　　　　　　　　…（演習 5・14 "フランジ継手" 参照） 　［開く］
右側面図を消去する．	**［修正］/削除** を（SEL） 　以下略
「merge1」のファイル名で保存する．	**［ファイル］/名前を付けて保存** を（SEL） 　（ドライブ：）　J：　を（SEL）　　　　　　…（保存する場所） 　（ファイル名：）　merge1　と入力 　［保存］
部品図「merge1」を修正して，部品図「merge2」を作成する．	「merge1」が画面に表示されているとする． あらかじめ文字を鏡像化しないよう指定する． 　MIRRTEXT　［Enter］ 　0　［Enter］ **［修正］/鏡像** を（SEL） 　寸法も含め全オブジェクト　を（SEL） 　（右） 　交点 P　を O スナップ 　交点 Q　を O スナップ 　［はい(Y)］を（SEL）　　　…（複写元のオブジェクトを残さない指定）
丸で囲んだ部分を同図のような形状に修正する（p.275 参照）．	**［修正］/ストレッチ** を（SEL） 　以下略
ハッチングを修正するオブジェクト	ハッチングオブジェクトがストレッチされない場合，以下の方法で修正する． TEXT 画層を現在層にする． ハッチングオブジェクト　を（SEL） **［ハッチングエディタ］** タブ **［境界］/再作成** を（SEL） 　（境界オブジェクトのタイプを入力…：）　［ポリライン(P)］を（SEL） 　（ハッチングを新しい境界に対して自動調整しますか…：）　［はい(Y)］を（SEL） 　　　…（ハッチングオブジェクトの周囲に境界を作成し修正しやすいようにする） ［ハッチングエディタ］タブ［プロパティ］ 　（角度：）　90　と入力 ［ハッチングエディタ］タブ［閉じる］/ハッチング編集を閉じる　を（SEL） 　　　　　　　　　　　　　　　　　　　　　　…（ハッチングの角度を変える）

演習 5・27 組立図（マルチデザイン環境の利用）

	ハッチングオブジェクトの境界　を（SEL）
	修正する
	グリップを使用して修正する
	以下略

「merge2」のファイル名で保存する．	【ファイル】/名前を付けて保存　を（SEL） 　（ドライブ：）　J：　を（SEL）　　　　　　　　　　　　　‥‥（保存する場所） 　（ファイル名：）　merge2　と入力 　[保存]
演習 5・23 で作成したボルト・ナットを入力画面に呼び出す．	【ファイル】/開く　を（SEL） 　（ドライブ：）　J：　を（SEL）　　　　　　　　　　　　‥‥（ファイルのある場所） 　（ファイル名：）　boltnut.dwg　を（SEL） 　[開く]
首下長さ，ねじ部の長さの寸法は残し，他の不要部分を消去する．	省略
図形全体を 90 度回転する．	【修正】/回転　を（SEL） 　寸法を含め全オブジェクト　を（SEL） 　（右） 　図形上の任意の点　を（SEL） 　90　[Enter]
尺度変更によって呼び径 20 を呼び径 10 に変更する．	【修正】/尺度変更　を（SEL） 　寸法を含め全オブジェクト　を（SEL） 　（右） 　図形上の任意の点　を（SEL） 　0.5　[Enter]
ストレッチによって首下長さ 42 mm，ねじ部の長さ 20 mm に修正する．	【修正】/ストレッチ　を（SEL） 　以下略
「merge3」のファイル名で保存する．	【ファイル】/名前を付けて保存　を（SEL） 　（ドライブ：）　J：　を（SEL）　　　　　　　　　　　　　‥‥（保存する場所） 　（ファイル名：）　merge3　と入力 　[保存]
部品図「merge1」の上に部品図「merge2」を重ね合わせ，さらに部品図「merge3」を重ね合わせた組立図作成の準備をする．	【ファイル】/開く　を（SEL） 　（ドライブ：）　J：　を（SEL） 　（ファイル名：）　merge1.dwg　を（SEL） 　[開く]

5・3 三面図など

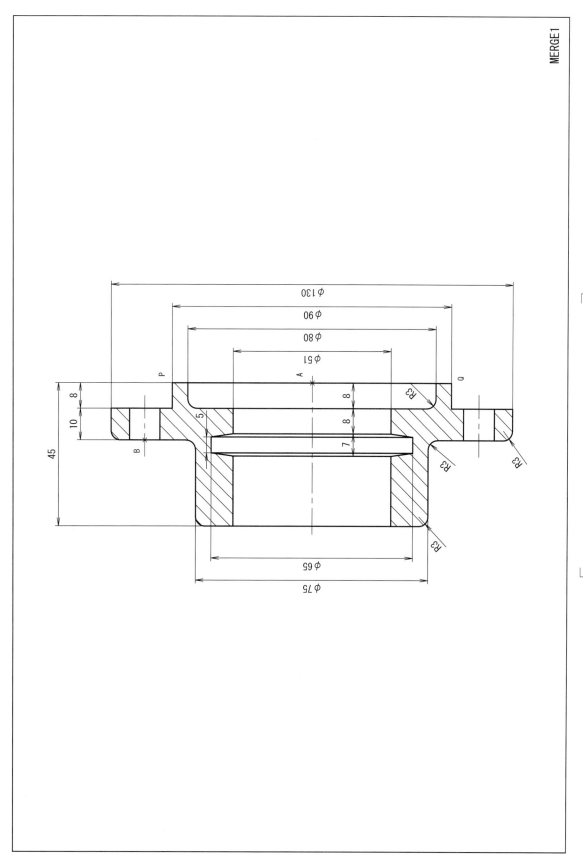

演習 5・27 組立図（マルチデザイン環境の利用）

画面に「merge1」、「merge2」、「merge3」の3図面を並べて表示する．	[表示] タブ [インターフェース]/左右に並べて表示 を（SEL） 　　　　……（スタート画面を含めて4つの画面が並んで表示される）	
「merge1」に「merg2」をコピーし，重ね合わせる．	merge2 の図面内の任意の点　を（SEL） 　merge2 の全オブジェクト　を（SEL） 　（右）ショートカットメニュー の [クリップボード]/基点コピー　を（SEL） 　（基点を指定：）　交点A　をOスナップ merge1 の図面内の任意の点　を（SEL） 　（右）ショートカットメニュー の [クリップボード]/貼り付け　を（SEL） 　（挿入点を指定：）　交点A　をOスナップ	
組立図に不要な「merge2」に付随する線などをトリムまたは削除で消去しておく．	省略	
「merge1」＋「merge2」に「mer-ge3」をコピーし，重ね合わせる．	merge3 の図面内の任意の点　を（SEL） 　merge3 の全オブジェクト　を（SEL） 　（右）ショートカットメニュー の [クリップボード]/基点コピー　を（SEL） 　（基点を指定：）　交点B　をOスナップ merge1（merge1+merge2 になっている）の図面内の任意の点　を（SEL） 　（右）ショートカットメニュー の [クリップボード]/貼り付け　を（SEL） 　（挿入点を指定：）　交点B　をOスナップ	
組立図を完成する．	組付け状態に不具合がないか確認する． 組立図として不要なオブジェクトを消去する． [修正]/トリム　を（SEL） 　以下略	
寸法を記入する．	DIMS の画層を現在層にする． [寸法]/長さ寸法記入　を（SEL） 　以下略	
図面を閉じる．	4つの画面が並んでいる左上にある [スタート] タブで （右）ショートカットメニュー の [すべて閉じる] を（SEL） 　（merge1.dwgへの変更を保存しますか？：）　はい　を（SEL） 　（merge2.dwgへの変更を保存しますか？：）　いいえ　を（SEL） 　（merge3.dwgへの変更を保存しますか？：）　いいえ　を（SEL）	

演習5・27 組立図（マルチデザイン環境の利用）

演習 5・27 組立図（マルチデザイン環境の利用）

おわりに

　今からおよそ20年前，筆者は，初心者にAutoCADによる機械設計製図を指導することになった．すでに航空機の設計でCADが使われていることは知っていたし，大企業でも建設，自動車などの分野でCADが導入されつつあった．まだMS－DOS全盛の当時，AutoCADの画面を見たことはあったものの，使ったことはなかった．

　説明書はCADの専門用語が多く，見てもさっぱりわからない．わかる人にはわかるという感じ．そこでCAD教室に通い猛勉強した．次に，教科書に適した書籍を求めて書店に行った．AutoCADの本はあまりない．あっても解説本や建築製図関係の書籍ばかり．時間をかけて本格的に機械設計製図を学ぼうとする学習者のための教科書に適したものは，まったくなかった．

　そこで，基本操作や基本製図の演習をみずから実行し，それを1コマ単位の教材にまとめることにした．ある程度CADを使いこなせるようになり，機械部品の製図にとりかかる頃には，もう本番である．若い人の吸収力は素晴らしく，筆者が苦労してやっと習得したスキルを，あっという間にマスターしていく．泥縄式に，前夜に翌日の教材を作成することもしばしばであった．

　1年後，作り続けた教材を積み上げてみたら，片面印刷ではあるがなんと厚さ3センチ以上．内容を整理し，製本して手作り教科書を作成した．本番で指導中にも，基本的なコマンドを少しでも多く網羅するよう，さらに，新たな教材を追加し中身を充実させた．改訂に改訂を重ね，ある程度まとまったところで，多くの初心者にもこの苦労の結晶を届けたくなり，工業高校時代の恩師である堀野正俊先生に相談してみた．さっそくCAD機械製図の書籍の出版を計画していた理工学社が紹介され，とんとん拍子で出版へと話が進んだ．

　出版に当たっては，AutoCADの基本操作や基本製図ついては，CAD教室での筆者の教官であった土肥美波子氏にご協力をお願いすることとし，手作り教科書で採用していたフォーマットをよりすっきりさせたり，機械製図編をさらに充実する事

に力点を置いた．かくして 1998 年 9 月，AutoCAD による機械製図の入門書の初版「AutoCAD LT 機械製図」が刊行され，その後 Windows と AutoCAD のバージョンアップの機会の度に，内容を見直し，より充実したものとしてきた．

　若き日に，T 定規と三角定規と烏口で製図し，計算尺で計算していた時代を懐かしく思い出す．設計製図のみならず，さまざまな技術文書の作成，技術計算，そしてそれらのデータの保管方法など，近年の科学技術の進展はまさに日進月歩で，目を見はるものがある．かつて，本書を翻訳した英語版をトルコの訓練大学のテキストとして使用したい旨の申し出があり，喜んで了解したことがあった．これからは電子ブックで，そのような英語版があったらいいのでは，と思う．

　最後に，理工学社解散後，「AutoCAD LT 機械製図」シリーズの刊行継続にご尽力頂いたオーム社書籍編集局の皆様に，深く感謝の意を表する．

2016 年 1 月

間瀬喜夫

参考図書

オートデスク（株）：Autodesk AutoCAD 2016/AutoCAD LT2016 公式トレーニングガイド，日経 BP 社．
大西清：JIS にもとづく標準製図法，理工学社／オーム社．
緒方興助ほか：電子製図，実教出版．
蓮見善久：機械設計製図演習，理工学社．
林洋次ほか：機械製図，実教出版．
間瀬喜夫・土肥美波子：AutoCAD LT2013 機械製図，理工学社／オーム社．

索　引

〔あ行〕

厚さ　8, 108
アプリケーションメニュー　12
異尺度対応オブジェクト　109
一時Oスナップ　25, 50
位置表示　100
一面図　184
移動　98
印刷　34
印刷コマンド　41
印刷尺度　35
印刷スタイル　35
円　48
円形状配列複写　92
円弧　48
延長　104
オブジェクト　22
オブジェクト情報　100
オブジェクトスナップ　25
オブジェクトプロパティ管理　24
オフセット　90

〔か行〕

カーソル　11
回転　98
回転図示断面図　6
回転投影図　5
角度　100
角度寸法　64
傘歯車　240
カスタマイズ　10
画層　23
画層関連コマンド　41
画層プロパティ管理　23, 131
画層変更　23
片側断面図　6
画面移動　19
基点　28
基点コピー　274
基点設定　180
ギャップ許容値　72

キャンセル　18
鏡像　94
極座標　33
極トラッキング　44
許容差表示　194
距離　100
近接点　25
クイックアクセスツールバー　12
クイック選択　131
矩形状配列複写　92
組立図　270
クラウドサービス　155
グリッド　21
グリップ　28
グローバル線種尺度　111
クロスヘアカーソル　11
計測機能　100
現在層　23
現尺　4
原点　108
公差　192
交差選択　22
高度　108
コマンド　12
コマンドアイコンボタン　13
コマンドウィンドウ　15
コマンドオプション　16
コンテキストリボンタブ　14

〔さ行〕

再作図　111, 125
削除　88
作成コマンド　37
作図領域　15, 32
座標　32
座標系　108
三面図　244
実線　3
実長記号　66
視点　120
自動調整寸法　66
四半円点　25

尺度（図面に用いる）　4
尺度変更　102
修正コマンド　38
縮尺　4
主投影図　5
ショートカットメニュー　17
除外　22
新規作成　34
垂線　25
垂直寸法　33, 64
水平寸法　33, 64
ズーム　19
図形の省略　6
ステータスバー　17
ストレッチ　100
スナップ　25
スナップモード　54
スプライン曲線　56
図面　2
図面の大きさ　2
図面範囲設定　33
図面ファイル　34
スライドアウトパネル　13
スライド寸法　66
寸法　7
寸法記入　64
寸法数値　7, 102
寸法スタイル　77
寸法線　7
寸法の記入方法　7
寸法補助記号　8
寸法補助線　7
接線　25
絶対座標　33, 44
線種設定　84
選択　22
全断面図　6
線の種類　3
線の太さ　28
線分　42
相対座標　33, 46
挿入基点　136
属性定義　140

279

索引

〔た行〕

ダイアログボックスランチャー　14
第三角法　5
対称図示記号　6
ダイナミックブロック　148
楕円　48
端点　25
断面図　6
注釈可視性　130
注釈コマンド　40
注釈尺度　111
中心線　4
中心マーク　78
中点　25
長方形　58
直接距離入力　44, 46
直列寸法　64
直径寸法　64
直交モード　20
ツールチップ　15, 166
定常 O スナップ　25, 52
ディバイダ　160
テンプレートファイル　75
投影図　5
等角スナップ　54
等角投影図　54
トリム　96

〔な行〕

長さ寸法　64
ナビゲーションバー　17
名前を付けて保存　33
名前削除　252
二面図　200
入力画面　11
入力画面の設定方法　33

〔は行〕

倍尺　4
配列複写　92
破線　3
破断線　4
ハッチング　6, 70

半径　100
半径寸法　64
ピックボックス　22
非トリムモード　96
ビューポート　120
ビューポート尺度　121
表題欄　2
平歯車　234
フィレット　96
複写　90
部分拡大図　5
部分削除　106
部分断面図　6
部分投影図　5
フリーズ　125, 131
ブロック　132, 136
ブロックエディタ　146, 148
ブロック属性　134
平行寸法　64
平面の表示　7
ページ設定　34
ペーパー空間　120
補助投影図　5
ポリゴン　58
ポリゴン交差　88
ポリゴン窓　88
ポリライン　58

〔ま行〕

マーカー　25
窓選択　22
マルチテキスト　60
マルチ引出線　66
メニューバー　74
面積　100
面取り　96
文字スタイル　75
モデル空間　108
元に戻す　18

〔や行〕

やり直し　18
ユーザ座標系　108

〔ら行〕

リボン　12
リボンタブ　13
リボンパネル　13
輪郭線　3
レイアウト　120, 126

〔わ行〕

ワールド座標系　108

〔数字／A to Z〕

0 画層　23

ByLayer　23
Defpoints　23
DesignCenter　138
JIS　2
MIRRTEXT　94
PDF 出力　156
UCS　108
WCS　108

著者略歴

間瀬 喜夫（ませ よしお）

愛知県名古屋市生まれ．
愛知工業高校，名古屋工業大学，名古屋大学大学院機械科卒業．
名古屋大学，鳥取大学にて4サイクルおよび2サイクルガソリンエンジンの研究．
本田技術研究所にて4サイクルガソリンエンジンの排気ガス浄化システムの研究・開発．
ホンダテクニカルカレッジにて自動車工学，3次元CADおよび2次元CADによる機械設計製図の教育・指導．
現在は執筆に専念．

土肥 美波子（どい みなこ）

東京都生まれ．
AutoCADインストラクター．
有限会社エイ・アイ・ディー 2000年設立．
Autodesk製品の教育，トレーニングコンテンツ作成，CAD業務支援．

間瀬喜夫・土肥美波子 共著書

「AutoCAD LT 機械製図」1998年
「AutoCAD LT2000 機械製図」2000年
「AutoCAD LT2002 機械製図」2002年
「AutoCAD LT2005 機械製図」2004年
「AutoCAD LT2013 機械製図」2012年

- 本書の内容に関する質問は，オーム社書籍編集局「（書名を明記）」係宛に，書状またはFAX（03-3293-2824），E-mail（shoseki@ohmsha.co.jp）にてお願いします．お受けできる質問は本書で紹介した内容に限らせていただきます．なお，電話での質問にはお答えできませんので，あらかじめご了承ください．
- 万一，落丁・乱丁の場合は，送料当社負担でお取替えいたします．当社販売課宛にお送りください．
- 本書の一部の複写複製を希望される場合は，本書扉裏を参照してください．
  JCOPY <（社）出版者著作権管理機構 委託出版物>

AutoCAD LT2016 機械製図

平成28年2月25日　　第1版第1刷発行
平成30年2月25日　　第1版第3刷発行

著　者　間瀬喜夫・土肥美波子
発行者　村上和夫
発行所　株式会社 オーム社
　　　　郵便番号　101-8460
　　　　東京都千代田区神田錦町3-1
　　　　電話　03(3233)0641(代表)
　　　　URL　https://www.ohmsha.co.jp/

© 間瀬喜夫・土肥美波子 2016

印刷　精文堂印刷　製本　イマキ製本所
ISBN978-4-274-21846-0　Printed in Japan

◎好評図書◎

3日でわかる「AutoCAD」実務のキホン 【最新刊】

土肥美波子 著　　B5判　並製　152頁　本体2000円【税別】

実務で必要とされる操作と知識を，1日3時間×3日間＝9時間で．AutoCAD特有の［モデル空間］での作図・修正から［レイアウト］での印刷・納品まで，実際の図面を用い，実務作業の流れの中で習得できます．多機能・高機能なAutoCADを，どう習得すればよいのか困っている初学者・独習者に最適な手引書．
【主要目次】1日目 作図の基本（操作をはじめる［作図をはじめる前に練習と準備をする］／作図の時間①［必要な道具］／図面を完成する［注釈コマンド］）2日目 テンプレートの作成（テンプレートをつくる①［図面の体裁を統一する］／作図の時間②［テンプレート］／テンプレートをつくる②［縮尺して印刷する図面のために］）3日目 レイアウトの活用（作図の時間③［テンプレート］／レイアウトを使って印刷する①［ペーパー空間のレイアウト機能］／レイアウトを使って印刷する②［異尺度対応機能］）

JISにもとづく 標準製図法（第14全訂版）【最新刊】

工博 津村利光 閲序／大西 清 著　　A5判　上製　248頁　本体1900円【税別】

本書は，1952年の初版以来，設計・製図技術者の圧倒的な支持により増刷を重ね，65年に及ぶ超ロングセラー（累計99万部発行）という記録を達成した名著です．永年利用されてきた「寸法公差及びはめあいの方式」が「JIS B 0401-1：2016製品の幾何特性仕様（GPS）」へと改められたのを機に，内容および目次構成の見直しを行うとともに，溶接記号，機械要素のJIS規格等，全編にわたって改訂を行いました．
【主要目次】1章 製図について　2章 図面の構成について　3章 図法幾何学 と投影法　4章 図形の表し方　5章 寸法記入法　6章 サイズ公差の表示法　7章 幾何公差の表示法　8章 表面性状の図示方法　9章 溶接記号とその表示法　10章 材料表示法　11章 主要な機械部品・部分の図示法　12章 CAD機械製図　13章 図面管理　14章 スケッチ　15章 その他の工業部門別製図　付録1，2，3

JISにもとづく 機械設計製図便覧（第12版）

工博 津村利光 閲序／大西 清 著　　B6判　上製　720頁　本体4000円【税別】

初版発行以来60年にわたり，全国の機械設計技術者から高く評価されてきた本書は，生産と教育の各現場において広く利用され，11回の改訂を経て145刷を超えました．今回の第12版では，JIS製図総則（JIS Z 8310：2010），機械製図（JIS B 0001：2010）に対応すべく機械製図の章を全面改訂したほか，2015年7月時点での最新規格にもとづいて全ページを見直しました．機械設計・製図技術者，学生の皆さんの必備の便覧．
【主要目次】諸単位　数学　力学　材料力学　機械材料　機械設計製図者に必要な工作知識　幾何画法　締結用機械要素の設計　軸，軸継手およびクラッチの設計　軸受の設計　伝動用機械要素の設計　緩衝および制動用機械要素の設計　リベット継手，溶接継手の設計　配管および密封装置の設計　ジグおよび取付具の設計　寸法公差およびはめあい　機械製図　CAD製図　標準数　各種の数値および資料

JISにもとづく 機械製作図集（第7版）

大西 清 著　　B5判　並製　144頁　本体1800円【税別】

正しくすぐれた図面は，生産現場においてすぐれた指導性を発揮します．本書は，この図面がもつ本来の役割を踏まえ，機械製図の演習に最適な製作図例を厳選し，すぐれた図面の描き方を解説しています．第7版では，2013年10月時点での最新JIS規格，JIS Z 8310：2010（製図総則），JIS B 0001：2010（機械製図），JIS Z 3021：2010（溶接記号）などにもとづき，本書の全体を点検・刷新し，製造現場のデジタル化・グローバル化に対応しました．機械系の学生のみなさん，技術者のみなさんの要求に応える改訂版です．
【主要目次】1 JIS機械製図規格について（工業図面について　図形の表し方　機械要素の略画法　他）2 線・文字・記号および用器画（線・文字の練習　各種の製図用記号　他）3 製図の練習（15図）4 機械製作図集（49図）5 製図者に必要なJIS規格表（27表）付録 CAD機械製図について

基礎製図（第5版）

大西 清 著　　B5判　並製　136頁　本体2080円【税別】

あらゆる技術者にとって，図面が正しく描けること，またそれを正しく読めることは必須の素養です．本書は，製図の初学者を対象とし，描く側，読む側を対等の立場に置いて平明に解説しました．全ページの上段に図・表を，下段にそれに対する解説を配して，なぜそう描き，なぜそう読むかをページ単位で理解できるように配慮．第5版では最新の製図総則，機械製図などに準拠して改訂を図りました．
【主要目次】1章 図面について　2章 線・文字・図面の様式　3章 投影法　4章 図形の表し方（図面の配置　補助投影図 他）5章 寸法記入法　6章 機械要素と部分の略画法（ねじの種類　歯車の略画法 他）7章 寸法公差とはめあい　8章 幾何公差と最大実体公差　9章 表面性状の図示方法　10章 溶接記号　11章 材料記号について　12章 参考JIS資料　付録 機械製作図例

◎本体価格の変更，品切れが生じる場合もございますので，ご了承ください．
◎書店に商品がない場合または直接ご注文の場合は下記宛にご連絡ください．

TEL.03-3233-0643
FAX.03-3233-3440
https://www.ohmsha.co.jp/